# Visual FoxPro
# 数据库应用与实训

主编　李希敏

参编　崔尚勇　张沛强　杨军莉　白祎花

　　　袁小玲　李　瑞

天津大学出版社
TIANJIN UNIVERSITY PRESS

**图书在版编目（CIP）数据**

Visual FoxPro 数据库应用与实训/李希敏主编. —
天津：天津大学出版社，2016. 3
ISBN 978-7-5618-5544-7

Ⅰ.①V…　Ⅱ.①李…　Ⅲ.①关系数据库系统 – 程序
设计　Ⅳ.①TP311.138

中国版本图书馆 CIP 数据核字（2016）第 047147 号

| | | |
|---|---|---|
| 出版发行 | | 天津大学出版社 |
| 地 | 址 | 天津市卫津路 92 号天津大学内（邮编:300072） |
| 电 | 话 | 发行部:022-27403647 |
| 网 | 址 | publish. tju. edu. cn |
| 印 | 刷 | 天津泰宇印务有限公司 |
| 经 | 销 | 全国各地新华书店 |
| 开 | 本 | 185mm×260mm |
| 印 | 张 | 15.25 |
| 字 | 数 | 387 千 |
| 版 | 次 | 2016 年 3 月第 1 版 |
| 印 | 次 | 2016 年 3 月第 1 次 |
| 定 | 价 | 32.00 元 |

# 前　　言

根据"Visual FoxPro 数据库应用基础"课程教学的需要,我们组织相关教师编写了本教材,而突出实践性是本教材的主要特点。

本书共分 8 章,构成了 Visual FoxPro 6.0 的主要知识体系,其中主要包括 Visual FoxPro 数据库入门、数据库和表、查询和视图、结构化程序设计、表单设计、报表设计、菜单设计、应用程序的连编和生成等内容。全书以培养学生的应用能力为主要目标,以开发"学生成绩管理系统"为项目案例,将其融入各章实训中,当完成本书中所有实训后,学生不仅掌握了 Visual FoxPro 6.0 的基本内容,还具备了应用 Visual FoxPro 6.0 设计和开发完整数据库应用系统的基本能力。

本书内容全面、实例完整、步骤详细。在内容的选取上,力求由浅入深、循序渐进、通俗易懂。对每个实训,首先给出明确的实训目标,然后简要阐述所需要的基本理论和知识点,再通过讲解多个相关实例的基本操作,将理论与实践融会贯通;大部分实训还安排了若干个课外练习,用以巩固所学知识及操作技能。

本书力求使学生熟悉 Visual FoxPro 6.0 的基本知识和操作技能以及使用它设计和开发数据库应用系统的过程,同时涵盖全国计算机等级考试二级 Visual FoxPro 的全部内容。作为我院"Visual FoxPro 数据库应用基础"精品课程的配套教材,不但为会计电算化专业后续专业课程"AIS 的分析与设计"奠定了基础,还满足了所有专业学生的二级 Visual FoxPro 取证要求,从而使专业课程教学实施"理实一体""课证融合"的改革思想落到实处。

本书由陕西财经职业技术学院李希敏副教授担任主编,崔尚勇、张沛强、杨军莉、白祎花、袁小玲和李瑞等老师参与了编写工作。具体分工如下:李希敏负责全书的总体结构和总纂,并编写了实训 1.3、实训 2.1、实训 3.3、实训 3.4、实训 5.1、实训 6.1、实训 6.2、实训 7.1、实训 7.2 和附录;崔尚勇编写了实训 5.5、实训 5.6 和实训 8.1;张沛强编写了实训 1.1 和实训 1.2;杨军莉编写了实训 3.1 和实训 3.2;白祎花编写了实训 5.2、实训 5.3 和实训 5.4;袁小玲编写了实训 4.1 和实训 4.2;李瑞编写了实训 2.2 和实训 2.3。曹耀辉副教授审阅了全书,并对部分内容做了修订。在编写过程中,我们还参阅了许多专家和学者的相关教材、论著和资料,在此一并深表谢意。

尽管我们对教材中的每个实训都是以认真谨慎的态度完成的,但难免会有疏漏之处,敬请各位读者批评指正。

编者

2015 年 5 月 5 日

# 目　　录

目 录

# 第 1 章　Visual FoxPro 数据库入门

Visual FoxPro 6.0(以下简称 Visual FoxPro)是优秀的桌面数据库管理系统之一,它以开发成本低、简单易学、方便用户等优点迅速发展起来。要想用它开发出适用的数据库应用系统,首先要掌握数据库系统的基础知识,熟悉 Visual FoxPro 的特点、数据形式和使用方法。

## 实训 1.1　初识 Visual FoxPro 6.0

### 一、实训目标

通过本次实训,使学生理解数据库的基本概念,掌握 Visual FoxPro 6.0 的打开/关闭的方法;熟悉 Visual FoxPro 6.0 的主界面使用及其系统环境配置;掌握项目的创建及项目管理器的使用。

### 二、知识要点

1. 数据库的基本概念

(1)数据。数据是描述客观世界中事物的物理符号,其表现形式多种多样,有数字、字母、文字和其他特殊字符组成的文本形式,还有图形、图像、动画、影像和声音等多媒体形式。

(2)数据库(DataBase,DB)。数据库是以一定的组织方式将相关数据组织起来存储在外存储器上的,能被多个应用程序所共享的,与应用程序彼此独立的数据的集合。简单地说,数据库就是有条理、有组织、合理存储大量数据的"仓库"。

数据库具有"一少三性"的特点。其中,"一少"是指冗余数据少,即基本上没有或很少有重复的数据和无用的数据,也没有相互矛盾的数据,从而节约了大量的存储空间。"三性"是指以下几个特性:①数据的共享性,即数据库中的数据能为多个用户服务;②数据的独立性,即全部数据以一定的数据结构单独、永久存储,与应用程序无关;③数据的安全性,即实施数据保护,防止不合法使用引起的数据泄密和破坏,使每个用户只能按规定对数据进行访问和处理。

(3)数据模型。为了反映现实世界中事物本身及事物之间的各种联系,数据库中的数据必须要有一定的结构,这种结构就用数据模型来表示。数据模型应满足 3 个方面的要求:一是能真实地模拟现实世界,二是容易被人所理解,三是便于在计算机上实现。常用的数据模型有 3 种:层次模型、网状模型和关系模型。前两者使用链接指针来存储和体现联系,而关系模型是用二维表结构来表示实体及实体之间的联系,这种二维表就是关系。

根据数据模型的不同,数据库可分为层次数据库、网状数据库和关系数据库。其中,关系数据库的应用最为广泛。关系数据库以关系模型为基础,用关系来描述现实世界,关系不仅可以用来描述实体及其属性,也可以用来描述实体间的联系。

(4)数据库管理系统(DataBase Management System,DBMS)。数据库管理系统是为数据库的建立、使用和维护而配置的系统软件。它提供了处理数据的手段,同时也提供了组织数据的方法。按照其管理的数据库的不同,数据库管理系统可分为层次型、网状型和关系型。

(5)数据库系统(DataBase System,DBS)。数据库系统指引进数据库技术的计算机系统,包括硬件系统、数据库、数据库管理系统及相关软件、各种人员(包括开发人员、数据库管理员、最终用户),其中数据库管理系统是核心。

**2. 关系的特点**

关系的特点主要有以下几个。

(1)关系中的每一个数据项是最基本的单位,不可再分。

(2)关系中的每一行称为一个元组,每一列称为一个属性。每一列数据项的数据类型相同,列数根据需要而设。

(3)关系中行和列的顺序可任意调整。

(4)关系中不允许有完全相同的元组,属性名不能重复。

**3. 关系数据库中的关系运算**

关系的基本运算有两类,一类是传统的集合运算(交、并、差),另一类是专门的关系运算(选择、投影、连接)。有些运算需要几个基本运算的组合来完成。关系运算的结果还是关系,包括以下几方面的内容。

(1)笛卡尔集。把两个关系的所有属性合并到一起,形成一个新的关系,且新关系中的所有元组是由两个关系的所有元组进行完全连接构成的。

(2)选择。指在关系中提取满足给定条件的元组,或者说选择满足条件的行。经过选择运算得到的仍然是一个关系,但关系模式不变。

(3)投影。指在关系中指定若干个属性组成新的关系。经过投影运算得到一个新关系,其关系模式中的属性往往比原关系模式中的属性少。

(4)连接。连接是关系的横向结合,它将两个关系模式拼接成一个更宽的关系模式,生成的新关系中包含满足连接条件的元组。

**4. 数据管理技术的产生和发展**

数据管理是数据处理的中心问题,指对数据进行采集、整理、分类、组织、编码、存储、检索和维护的过程。数据管理技术的发展主要经历了人工管理阶段、文件系统阶段和数据库系统阶段3个阶段。

(1)人工管理阶段(20世纪50年代)。在人工管理阶段,计算机的软、硬件均不完善,存储设备只有磁带、卡片和纸带,软件方面没有操作系统;程序员在程序中不仅要规定数据的逻辑结构,还要设计其物理结构。当数据的物理组织或存储设备改变时,用户程序必须重新编制;数据面向应用,不同程序间不能共享数据,数据冗余度大,数据的一致性很难保证。应用程序与数据之间的关系如图 1 - 1 - 1 所示。

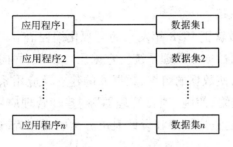

图 1 - 1 - 1　人工管理阶段应用程序与数据之间的关系

（2）文件系统阶段（20 世纪 60 年代）。在文件系统阶段，大容量存储设备和操作系统的出现使数据管理进入了一个新的阶段。数据以文件的形式存在，程序和数据分开存储，使数据与程序有了一定的独立性；各个应用程序可以共享一组数据，实现了以文件为单位的数据共享；数据的组织仍面向程序，故存在大量的数据冗余；文件之间互相独立，不能反映现实世界中事物之间的联系。此阶段应用程序与数据之间的关系如图 1 - 1 - 2 所示。

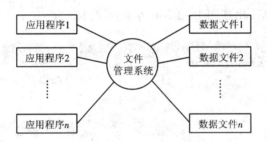

图 1 - 1 - 2　文件系统阶段应用程序与数据之间的关系

（3）数据库系统阶段（20 世纪 60 年代后期）。在数据库系统阶段，以数据为中心组织数据，实现更高的数据共享，减少了冗余数据；程序和数据具有较高的独立性，当数据的逻辑结构改变时，不涉及数据的物理结构，也不影响应用程序，从而降低了应用程序的研制与维护费用。此阶段应用程序与数据之间的关系如图 1 - 1 - 3 所示。

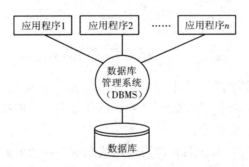

图 1 - 1 - 3　数据库系统阶段应用程序和数据之间的关系

网络技术的发展及新型数据库系统的出现带来了数据库技术发展的新高潮。基于关系模型的关系数据库系统功能的扩展与改善，分布式数据库系统、面向对象数据库系统和数据仓库等数据库技术的出现,构成了新一代数据库系统的发展主流。

**5. Visual FoxPro 6.0 概述**

Visual FoxPro 6.0 是微软于 1998 年发布的可视化编程语言集成包 Visual Studio 6.0 中的一员,是一个关系型桌面数据库管理系统。它采用可视化、面向对象的程序设计方法,简化了应用系统的开发过程,使数据的组织、数据库的建立及应用系统的开发更为方便快捷;内置 200 余种函数;支持网络;使用"项目管理器"创建和管理应用程序;提供向导、生成器和设计器等工具加快了构建程序框架和设计表单界面的进程等,这些特点使其受到众多用户的青睐。

**6. Visual FoxPro 6.0 的启动和退出**

执行"开始"菜单中的"Microsoft Visual FoxPro 6.0"命令,或者双击桌面上的 Visual Fox-Pro 的快捷方式图标,均可启动 Visual FoxPro。

执行"文件"菜单中的"关闭"命令,或单击 Visual FoxPro 窗口上的"关闭"按钮,或在命令窗口执行 QUIT 命令,均可退出 Visual FoxPro。

**7. Visual FoxPro 6.0 的主界面**

启动 Visual FoxPro 后,出现图 1-1-4 所示的窗口即为 Visual FoxPro 的主界面。

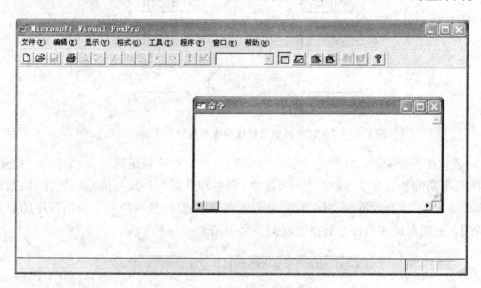

图 1-1-4　Visual FoxPro 的主界面

该主界面由标题栏、菜单栏、工具栏、命令窗口、显示区域和状态栏组成。Visual FoxPro 具有跟踪用户操作的能力,对不同的操作,Visual FoxPro 主菜单栏和各菜单项的子菜单不尽相同,这种情况也称为上下文敏感。

Visual FoxPro 的命令窗口和工具栏均可显示或隐藏。在命令窗口执行过的命令会在其中自动保留,可重复执行以前执行过的命令,还可对命令进行修改、删除和复制等操作。

**8. Visual FoxPro 的项目及其项目管理器**

在 Visual FoxPro 中,项目指文件、数据、文档和 Visual FoxPro 对象的集合。一个项目对应一个项目文件(.pjx)和一个项目管理器。项目管理器是 Visual FoxPro 处理数据和对象的主要组织工具,通过它可以简便地创建、组织和处理各种文件和对象,利用它还可进行项目连编和连编应用程序,生成.app 文件或.exe 文件。

### 三、实训环境

每名学生配备一台已安装了 Windows XP 或以上版本及 Visual FoxPro 6.0 的计算机。

### 四、实训内容

1. 显示/隐藏常用工具栏和命令窗口

操作步骤如下。

(1)Visual FoxPro 默认显示常用工具栏。如果要隐藏该工具栏,可执行"显示"菜单中的"工具栏"命令,在打开的工具栏对话框中,不勾选"常用"复选框,单击"确定"按钮即可,如图 1 -1 -5 所示。

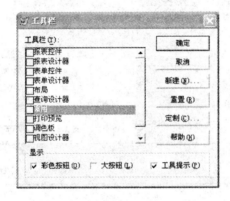

图 1 -1 -5　隐藏常用工具栏

(2)要显示该工具栏,只需要在工具栏对话框中勾选"常用"复选框即可。

(3)显示/隐藏"命令窗口"。Visual FoxPro 的命令窗口默认状态下为显示。此时,常用工具栏上的"命令窗口"按钮处于按下状态。若要隐藏命令窗口,单击该按钮使其弹起即可。

2. 配置 Visual FoxPro 系统的基本环境

在 F 盘上创建成绩管理系统文件夹,将该文件夹设置为文件的默认目录;设置日期的显示格式为"年月日",显示 4 位年份,日期分隔符为"-"。

操作步骤如下。

(1)在 F 盘上创建文件夹:成绩管理系统。

(2)执行"工具"菜单中的"选项"命令,打开"选项"对话框。在"区域"选项卡中按照图1 -1 -6 所示设置日期的显示格式。

此设置相当于在命令窗口执行如下命令:

```
SET DATE TO YMD
SET CENTURY ON
```

SET MARK TO[ – ]

(3)在"文件位置"选项卡中双击默认目录条目,打开图 1 – 1 – 7 所示的"更改文件位置"对话框。

(4)勾选"使用默认目录"复选框,单击文本框右侧的"…"按钮,在选择目录对话框中,选择"f:\成绩管理系统"为默认目录,单击"确定"按钮,返回图 1 – 1 – 8 所示的界面,单击"确定"按钮,此设置为本次运行有效。

若单击"设置为默认值"按钮,则设置为永久有效,除非用户再次更改文件目录。

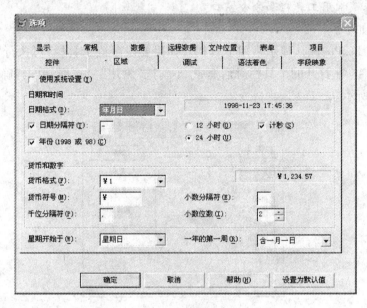

图 1 – 1 – 6    设置日期的显示格式

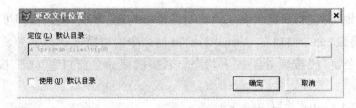

图 1 – 1 – 7    "更改文件位置"对话框

还可以通过命令方式设定默认目录。如在命令窗口执行如下命令:

SET DEFAULT TO F:\成绩管理系统

3.创建项目文件"学生成绩管理.pjx"

创建项目文件的操作步骤如下。

(1)设置文件存储的默认目录为 F:\成绩管理系统。

(2)新建一个名为"学生成绩管理.pjx"的项目文件,即可打开该项目对应的项目管理器,如图 1 – 1 – 9 所示。

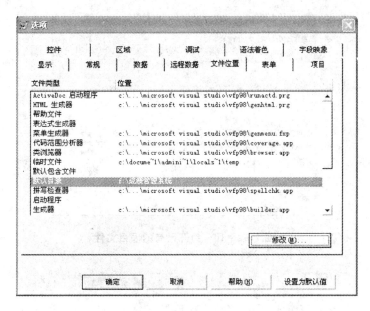

图 1 - 1 - 8　设置默认目录

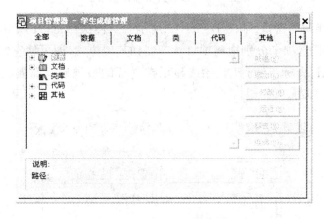

图 1 - 1 - 9　项目管理器

4.打开项目文件"学生成绩管理.pjx"

打开项目文件的具体操作为执行"文件"菜单中的"打开"命令,在"打开"对话框中,选择文件类型为"项目",再选中"学生成绩管理.pjx",单击"确定"按钮即可,如图 1 - 1 - 10 所示。

5.设置项目管理器的外观

(1)移动、缩放、折叠和展开项目管理器。改变"学生成绩管理.pjx"的项目管理器的位置和大小,进行展开和折叠。具体操作如下:将指针指向项目管理器的标题栏,按住鼠标左键拖动即可改变其位置;将指针移到项目管理器的 4 个边框或 4 个对角上,按住鼠标左键拖动即可改变其大小;单击项目管理器右上角的向上箭头,可将其折叠起来,如图 1 - 1 - 11 所示;单击项目管理器右上角的向下箭头,即可展开项目管理器。

(2)拆分项目管理器。在"学生成绩管理.pjx"对应的项目管理器中,使"数据""文档"

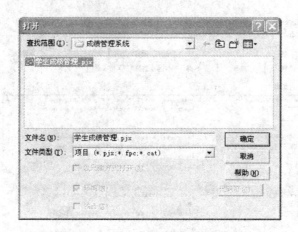

图 1 - 1 - 10    打开已有的项目文件

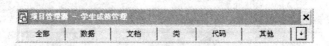

图 1 - 1 - 11    折叠项目管理器

选项卡成为独立、浮动的窗口,如图 1 - 1 - 12 所示。具体操作:打开该项目文件的项目管理器,将"数据""文档"选项卡分别拖离项目管理器到其他位置,即可使它们成为独立的窗口。单击选项卡上的图钉图标,还可使其始终显示在屏幕的最顶层。需要还原时,单击该选项卡上的"关闭"按钮即可。

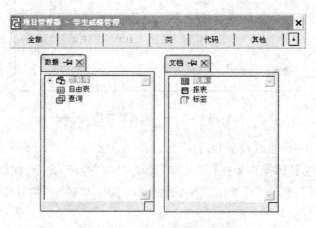

图 1 - 1 - 12    拆分项目管理器

6. 项目管理器的使用

要在项目管理器中进行文件的创建、添加、修改、删除以及其他操作,详见后面的相关实训。

### 五、课外练习

1.单选题

(1)关系运算中的选择运算是(　　　)。

A.从关系中找出满足给定条件的元组的操作

B.从关系中选择若干个属性组成新的关系的操作

C.从关系中选择满足给定条件的属性的操作

D.A 和 B 都对

(2)Visual FoxPro 6.0 创建项目的命令是(　　)。

A. CREATE PROJECT　　　　　　　　B. CREATE ITEM

C. NEW ITEM　　　　　　　　　　　　D. NEW PROJECT

(3)在 Visual FoxPro 6.0 中,一个项目可以创建(　　)。

A.一个项目文件,集中管理数据和程序　　B.多个项目文件,根据需要设置

C.两个项目文件,分别管理数据和程序　　D.以上几种说法都不对

(4)项目管理器中包括的选项卡有(　　)。

A.数据、菜单和文档　　　　　　　　B.数据、文档和其他

C.数据、表单和类　　　　　　　　　D.数据、表单和报表

(5)项目管理器中的"运行"按钮可以运行(　　)。

A.查询　　　　　　B.程序　　　　　　C.表单　　　　　　D.以上全部都可以

(6)项目管理器中的"关闭"按钮用于关闭(　　)。

A. Visual FoxPro　　B.设计器　　　　C.数据库　　　　　D.项目管理器

2.填空题

(1)想要将日期型或日期时间型数据中的年份用 4 位数字显示,应当使用设置命令

_____。

(2)项目文件及其项目备注文件的扩展名分别为_____和_____。

(3)Visual FoxPro 6.0 中的项目管理器实际上是 Visual FoxPro _____、_____和

_____的集合,也可以认为是 Visual FoxPro 系统的资源管理器。

3.上机操作题

(1)新建一个文件夹 ABC,将其设置为 Visual FoxPro 的默认目录,该设置只是本次运行有效。

(2)显示/隐藏命令窗口、数据工作期窗口、数据库设计器工具栏。

(3)创建项目 xsxm. pjx。

# 实训 1.2　Visual FoxPro 中的数据形式

### 一、实训目标

通过本次实训,要求学生熟练掌握常量和变量的使用;熟练掌握常用函数的使用;熟练

掌握各种表达式的使用。

## 二、知识要点

Visual FoxPro 中有 4 种形式的数据:常量、变量、函数和表达式。

### 1. 常量

常量用来表示一个具体的、不变的值,有 6 种类型,如表 1 - 2 - 1 所示。

表 1 - 2 - 1    常量的类型

| 类 型 | 说 明 | 示 例 |
|---|---|---|
| 数值型(N) | 表示数值的大小,由数字、小数点和正负号组成。可以用科学记数法表示 | 157、- 45<br>3. 26E12、1.6E - 8 |
| 货币型(Y) | 表示货币值,格式与数值型常量类似,但有前置符号( $ )。不能用科学记数法表示,在存储和计算时保留 4 位小数 | $ 67. 372 |
| 字符型(C) | 也叫作字符串,是用半角单引号('')、双引号("")或方括号([ ])等定界符把任意的字符括起来形成。定界符必须成对匹配,不作为常量本身的内容。但如果此定界符本身是字符串的内容时,则需要用另一种定界符为该字符串定界 | 'Abc'、"Thank you"<br>"ab[ cd]"、[ ]、[ ]<br>[ 二级 Visual FoxPro ] |
| 日期型(D) | 表示一个具体日期。这里只讨论严格日期格式({^yyyy/mm/dd}):用定界符大括号({})把年、月、日三部分括起来,年、月、日之间用斜杠(默认)、连字号、句点等分隔符相连。书写时注意大括号内必须以脱字符(^)开头;年份必须是 4 位;年、月、日不能省略,次序不能颠倒 | {^2012 - 09 - 25} |
| 日期时间型(T) | 表示一个时间点,格式为{ < 日期 > , < 时间 > }。严格的日期时间格式是{^yyyy-mm-dd,hh:mm:ss[ a|p]} | {^2012 - 09 - 25,11:<br>30p} |
| 逻辑型(L) | 只有逻辑真和逻辑假两个值。句点定界符不能省略 | . T. 、. Y. 、. F. 、. N. |

**注意:**货币型、日期型、日期时间型常量在内存中占 8 个字节,逻辑型常量占 1 个字节。

影响日期格式的常用设置命令有如下 4 个。

(1)SET MARK TO"日期分隔符"。设置显示日期型数据时使用的分隔符。若没有指定分隔符,则采用系统默认的斜杠。

(2)SET DATE [ TO] MDY|DMY|YMD。设置日期的显示格式。

(3)SET CENTURY OFF|ON。设置日期型数据年份的显示位数。选 OFF 时年份显示两位,选 ON 时年份显示 4 位。该命令的默认短语为 OFF。

(4)SET CENTURY TO [ 世纪值] ROLLOVER [ 年份参照值]。确定用两位数字表示年份时所处的世纪,若该日期的两位数字年份大于或等于[ 年份参照值],则它所处的世纪即为[ 世纪值],否则为[ 世纪值] + 1。

如执行命令 SET CENTURY TO 19 ROLLOVER 49 后,函数 CTOD('12/18/53')表示的日期为 1953 年 12 月 18 日;函数 CTOD('12/18/45')表示的日期为 2045 年 12 月 18 日。

### 2. 变量

变量是指在操作过程中值或类型可以改变的数据。变量有 3 个要素:变量名、数据类型和变量值,变量名不区分字母大小写。Visual FoxPro 的变量分为字段变量和内存变量两类。

二维表中的字段名即为字段变量。表中的同一个字段名,各个记录的取值不尽相同。其常用的数据类型有字符型(C)、数值型(N)、整型(I)、货币型(Y)、逻辑型(L)、日期型(D)、日期时间型(T)、备注型(M)和通用型(G)。

内存变量是内存中的一个存储区域,变量值为存储在这个区域里的数据,变量的数据类型由变量值的类型决定。可以把不同类型的数据赋给同一个变量。内存变量常用的数据类型有 6 种:字符型(C)、数值型(N)、货币型(Y)、逻辑型(L)、日期型(D)和日期时间型(T)。

当字段变量和内存变量同名时,系统优先访问字段变量。要访问同名的内存变量,必须在变量名前加上 M. 或 M - >。

(1)内存变量的定义(赋值),有如下两种格式。

格式 1:< 内存变量名 > = < 表达式 >

格式 2:STORE　< 表达式 >　TO　< 内存变量名表 >

说明:使用格式 1 一次只能给一个内存变量赋值;使用格式 2 一次可给多个内存变量赋相同的值,注意各内存变量名之间必须用逗号隔开。

(2)表达式值的输出,有如下用法。

格式:?｜??［< 表达式表 >］

说明:选用? 时,若没有指定表达式则会输出 1 个空行,否则会在下一行的起始处依次输出各表达式的值;若选用??,则会在当前行的光标位置处依次输出各表达式的值。

(3)内存变量的显示,命令格式如下。

格式:LIST/DISPLAY MEMORY［LIKE　< 通配符 >］

说明:LIST MEMORY 能连续显示与通配符匹配的所有内存变量。若已定义的内存变量显示超过一屏,则只显示最后一屏;DISPLAY MEMORY 能分屏显示所有的内存变量。

(4)内存变量的清除,常用格式如下。

格式 1:CLEAR MEMORY

格式 2:RELEASE　< 内存变量名表 >

格式 3:RELEASE ALL［LIKE　< 通配符 >｜EXCEPT　< 通配符 >］

说明:格式 1 用来清除所有的内存变量;格式 2 用来清除指定的内存变量;在格式 3 中若选用 LIKE 短语则清除与通配符匹配的内存变量,若选用 EXCEPT 短语则清除与通配符不匹配的内存变量。

(5)数组。数组是内存中连续的一片存储区域,由一系列元素组成。每个数组元素相当于一个简单变量,可以通过数组名及相应的下标来访问。在 Visual FoxPro 中,可以给一个数组中的各个元素分别赋不同的值,各元素的数据类型也可以不同。

数组必须先定义后使用。数组创建后,每个数组元素的初始值为.F. 。

创建数组的命令格式如下:

DIMENSION｜DECLARE < 数组名 >(< 下标上限 1 >［, < 下标上限 2 >］)［,…］

**注意:**

①数组下限的最小值为1,数组元素和简单内存变量的使用方法相同;

②在赋值语句和输入语句中若使用数组名,表示将同一个值同时赋给该数组的全部数组元素,在赋值语句的表达式位置不能出现数组名;

③在同一运行环境下,数组名不能与简单内存变量同名;

④二维数组可等价为一维数组,即可使用一维数组的形式访问二维数组。

3．表达式

用运算符及圆括号将常量、变量和函数连接起来的式子称为表达式。单个常量、变量和函数都属于表达式的范畴。根据表达式值的类型,表达式可分为数值表达式、字符表达式、日期时间表达式和逻辑表达式(关系表达式属于简单的逻辑表达式)。

(1)数值表达式(算术表达式)。数值表达式由算术运算符将数值型数据连接起来形成,其运算结果仍为数值型。各算术运算符及其优先级如表1－2－2所示。

表1－2－2　算术运算符及其优先级

| 优先级 | 运算符 | 说明 | 备注 |
|---|---|---|---|
| 1 | － | 一元取负运算 | |
| 2 | ＊＊或^ | 乘方运算 | |
| 3 | ＊、/、% | 乘、除、求余运算 | 求余运算%和取余函数 MOD( )的作用相同 |
| 4 | ＋、－ | 加、减运算 | |

(2)字符表达式。字符表达式由字符串运算符将字符型数据连接起来形成,运算结果仍为字符型。字符串运算符有"＋"和"－"两个,它们具有相同的优先级。

"＋"前后两个字符串首尾相接。

"－"将前面字符串尾部的空格移到后面字符串的尾部,再连接两个字符串。

(3)日期时间表达式。日期时间表达式运算符也有"＋"和"－"两个,运算优先级相同,但其格式有一定的限制。合法的日期时间表达式格式如表1－2－3所示,其中的<天数>和<秒数>均为数值表达式。

表1－2－3　合法的日期时间表达式的格式

| 格式 | 结果及类型 |
|---|---|
| <日期>＋<天数> | 日期型(指定日期若干天后的日期) |
| <天数>＋<日期> | 日期型(指定日期若干天后的日期) |
| <日期>－<天数> | 日期型(指定日期若干天前的日期) |
| <日期>－<日期> | 数值型(两个指定日期相差的天数) |
| <日期时间>＋<秒数> | 日期时间型(指定日期时间若干秒后的日期时间) |
| <秒数>＋<日期时间> | 日期时间型(指定日期时间若干秒后的日期时间) |

续表

| 格式 | 结果及类型 |
|---|---|
| <日期时间> - <秒数> | 日期时间型(指定日期时间若干秒前的日期时间) |
| <日期时间> - <日期时间> | 数值型(两个指定日期时间相差的秒数) |

(4)关系表达式。关系表达式也叫作简单的逻辑表达式,由关系运算符将两个运算对象连接起来形成,运算结果是逻辑型数据。

关系运算符的作用是比较两个表达式的大小或前后,含义如表 1-2-4 所示,共有 8 个,优先级相同。除 = = 和 $ 仅适用于字符型数据外,其他运算符均适用于任何类型的数据,但前后两个运算对象的数据类型必须一致。

表 1-2-4　关系运算符

| 运算符 | 含义 | 运算符 | 含义 | 运算符 | 含义 |
|---|---|---|---|---|---|
| < | 小于 | < >、#或! = | 不等于 | = = | 字符串精确比较 |
| > | 大于 | < = | 小于等于 | $ | 子串包含测试 |
| = | 等于 | > = | 大于等于 | | |

关系运算符在进行数据比较时,应遵守以下原则。

①数值型和货币型数据按数值的大小比较,包括负号。

②日期型和日期时间型数据比较时,越晚的日期或日期时间越大。

③对逻辑型数据,规定.T. > .F.。

④字符型数据若按照机内码顺序排序,则空格 < 数字字符 < 大写字母 < 小写字母 < 汉字。其中,西文字符按照 ASCII 码值排序,对常用的一级汉字,根据其拼音顺序决定大小。

**注意:**

① $ 运算符用来测试前串是否为后串的子串,若是则该表达式结果为.T., = = 运算符用来比较两个字符串是否完全相同,如果是则表达式结果为.T.;

②使用 = 运算符比较两个字符串时,运算结果与 SET EXACT ON I 的设置有关,若选择 OFF(默认),进行不精确比较,只要右串是左串的左子串,结果就为.T.,若选择 ON,则进行精确比较,首先在较短字符串尾部补空格使两字符串长度相等,然后再逐个字符进行比较。

(5)逻辑表达式。由逻辑运算符将逻辑型数据连接起来形成,运算结果仍然是逻辑型数据。逻辑运算符及其优先级为:NOT 或!(逻辑非)→AND(逻辑与)→OR(逻辑或),其中 NOT 的优先级别最高。逻辑运算规则如表 1-2-5 所示。

表 1-2-5　逻辑运算规则表

| A | B | NOT A | A AND B | A OR B |
|---|---|---|---|---|
| .T. | .T. | .F. | .T. | .T. |

续表

| A | B | NOT A | A AND B | A OR B |
|---|---|---|---|---|
| .T. | .F. | .F. | .F. | .T. |
| .F. | .T. | .T. | .F. | .T. |
| .F. | .F. | .T. | .F. | .F. |

（6）运算符优先级。若在一个表达式中出现多种运算符，它们的运算优先级为：首先执行算术运算符、字符串运算符和日期时间运算符，其次执行关系运算符，最后执行逻辑运算符。圆括号可以改变运算的顺序，且可以嵌套使用。

4. 函数

（1）数值函数。常用的数值函数格式及功能如表 1-2-6 所示。

**表 1-2-6　常用的数值函数格式及功能**

| 格式 | 功能 |
|---|---|
| INT( <数值表达式> ) | 取整。取 <数值表达式> 值的整数部分 |
| ABS( <数值表达式> ) | 求绝对值。取 <数值表达式> 值的绝对值 |
| ROUND( <数值表达式 1> , <数值表达式 2> ) | 四舍五入函数。取数值表达式 1 的四舍五入值。由数值表达式 2 指定舍入后保留的小数位数 |
| MOD( <数值表达式 1> , <数值表达式 2> ) | 求余函数。函数值为数值表达式 1 除以数值表达式 2 的余数，余数的绝对值小于除数的绝对值，余数的正负号与除数一致 |
| SQRT( <数值表达式> ) | 求平方根函数。函数值为 <数值表达式> 值的算术平方根 |
| MAX( <表达式 1> , <表达式 2> , … ) | 最大值函数。取所有表达式值的最大值 |
| MIN( <表达式 1> , <表达式 2> , … ) | 最小值函数。取所有表达式值的最小值 |
| PI( ) | 圆周率 π 函数。取 π 的值，通常保留两位小数 |

（2）字符函数。常用的字符函数格式及功能如表 1-2-7 所示。

**表 1-2-7　常用的字符函数格式及功能**

| 格式 | 功能 |
|---|---|
| LTRIM( <字符表达式> ) | 删除字符串前导空格 |
| TRIM( <字符表达式> ) | 删除字符串尾部空格 |
| ALLTRIM( <字符表达式> ) | 删除字符串首尾空格 |
| LEFT( <字符表达式> , <长度> ) | 从字符表达式值的左端取一个指定长度的子串作为函数值 |
| RIGHT( <字符表达式> , <长度> ) | 从字符表达式值的右端取一个指定长度的子串作为函数值 |
| SUBSTR( <字符表达式> , <起始位置> [ , <长度> ] ) | 从字符表达式值的起始位置截取指定长度的子串作为函数值。若缺省长度，则从起始位置一直取到末字符 |
| LEN( <字符表达式> ) | 求字符串长度函数。返回字符表达式值中包含的字符个数。1 个汉字记作 2 个字符 |

续表

| 格式 | 功能 |
| --- | --- |
| SPACE(＜数值表达式＞) | 返回空格字符串,空格的多少由数值表达式的值决定 |
| AT(＜字符表达式 1＞,＜字符表达式 2＞[,＜数值表达式＞]) | 子串定位函数。若字符表达式 1 是字符表达式 2 的子串,则返回字符表达式 1 在字符表达式 2 中出现的首字符位置;若不是子串,则返回 0。数值表达式表示字符表达式 1 在字符表达式 2 中的第几次出现,默认值为 1 |
| UPPER (＜字符表达式＞) | 将字符表达式值中的小写字母转换为大写字母 |
| LOWER (＜字符表达式＞) | 将字符表达式值中的大写字母转换为小写字母 |
| OCCURS(＜字符表达式 1＞,＜字符表达式 2＞) | 求子串出现次数。若第 1 个字符串不是第 2 个字符串的子串,则返回 0 |
| STUFF(＜字符表达式 1＞,＜起始位置＞,＜长度＞,＜字符表达式 2＞) | 子串替换函数。用字符表达式 2 值替换字符表达式 1 中由起始位置和长度指明的一个子串,替换和被替换的字符个数不一定相等。如果长度为 0,则字符表达式 2 值插入由起始位置指定的字符前;如果字符表达式 2 值是空串,则字符表达式 1 中由起始位置和长度指明的子串将被删除 |
| LIKE(＜字符表达式 1＞,＜字符表达式 2＞) | 比较两个字符串对应位置的字符,若所有对应字符都相匹配,函数返回.T.,否则返回.F.。字符表达式 1 中可包含通配符 * 和?,* 可与任何数目的字符相匹配,? 只匹配 1 个字符 |

(3)日期时间函数。常用的日期时间函数格式及功能如表 1 - 2 - 8 所示。

**表 1 - 2 - 8　常用的日期时间函数格式及功能**

| 格式 | 功能 |
| --- | --- |
| DATE( ) | 系统日期函数。按"月/日/年"的格式返回系统当前的日期 |
| TIME( ) | 系统时间函数。以 24 小时制按"时:分:秒"的格式返回系统的当前时间,函数值为字符型 |
| DATETIME( ) | 系统日期时间函数。返回系统当前的日期时间 |
| YEAR(＜日期时间表达式＞) | 求年份函数。从指定的日期时间表达式中返回年份,结果为 4 位整数 |
| MONTH(＜日期时间表达式＞) | 求月份函数。从指定的日期时间表达式中返回月份 |
| DAY(＜日期时间表达式＞) | 求日期号函数。从指定的日期时间表达式中返回日期号 |
| HOUR(＜日期时间表达式＞) | 以 24 小时制从指定的日期时间表达式中返回小时部分 |
| MINUTE(＜日期时间表达式＞) | 从指定的日期时间表达式中返回分钟部分 |
| SEC(＜日期时间表达式＞) | 从指定的日期时间表达式中返回秒数部分 |

(4)转换函数。常用的转换函数格式及功能如表 1 - 2 - 9 所示。

**表 1 - 2 - 9　常用的转换函数格式及功能**

| 格式 | 功能 |
|---|---|
| CTOD\|CTOT( <字符表达式> ) | 将字符型转换为日期型或日期时间型函数。把一个日期或日期时间格式的字符串转换成日期型或日期时间型的数据 |
| DTOC\|TTOC( <日期时间表达式> ) | 将日期型或日期时间型转换为字符型函数。将一个日期型或日期时间型数据转换成字符串 |
| STR( <数字表达式> [ , <长度> ] [ , <小数> ]) | 将数值型转换为字符型函数。将数字表达式的值转换成字符串。其中,长度是转换后的字符串长度,含数符、数字及小数点;小数指转换成字符串后保留的小数位数。若省略长度,系统按 10 位长度转换,且只转换整数部分;若省略小数则只转换整数部分,小数转换时进行四舍五入处理 |
| VAL( <字符表达式> ) | 将字符型转换成数值型函数。将数字字符组成的字符串转换成数值 |
| & <字符型变量> [.] | 宏替换函数。函数值为字符型变量值中的字符串。若该函数与其后的字符无明确分界,则用句点作函数结束标识 |

（5）测试函数。常用的测试函数格式及功能如表 1 - 2 - 10 所示。

**表 1 - 2 - 10　常用的测试函数格式及功能**

| 格式 | 功能 |
|---|---|
| BETWEEN ( <表达式 T> , <表达式 L> , <表达式 H> ) | 判断表达式 T 的值是否介于表达式 L 和表达式 H 之间。当表达式 T 的值大于或等于表达式 L 并且小于或等于表达式 H 的值时,函数值为.T. ;若表达式 L 和表达式 H 中有一个是 NULL,则函数值为 NULL |
| ISNULL( <表达式> ) | 空值(NULL 值)测试函数。判断表达式的值是否为 NULL,若是则返回.T. |
| EMPTY( <表达式> ) | "空"值测试函数。根据表达式值是否为"空"返回.T. 或.F. 。EMPTY(NULL)的值为.F. 。注意,不同类型数据的"空"值规定如表 1 - 2 - 10 - A 所示 |
| VARTYPE( <表达式> ) | 测试表达式值的数据类型,返回一个大写字母,函数值为字符型。返回值的含义如表 1 - 2 - 10 - B 所示 |
| IIF( <条件表达式> , <表达式 1> , <表达式 2> ) | 条件函数。若条件表达式值为真,则返回表达式 1 的值,否则返回表达式 2 的值。表达式 1 和表达式 2 值的数据类型可以不同 |
| RECNO( ) | 记录号测试函数。返回当前表中当前记录的记录号 |
| BOF( ) | 表文件首测试函数。若记录指针指向表文件首,则函数值为.T. 。该函数值.T. 时当前记录号为1,但当前记录号为 1 时该函数的值不一定为.T. |
| EOF( ) | 表文件尾测试函数。若当前表的记录指针指向表文件尾,则函数值为.T. ,表文件尾在表中的最后一条记录之后 |
| RECCOUNT( ) | 记录个数测试。返回当前表中的记录个数 |

**表 1 - 2 - 10 - A　不同类型数据的"空"值规定**

| 数据类型 | "空"值 | 数据类型 | "空"值 |
|---|---|---|---|
| 数值型、整型 | 0 | 日期型 | 空。如 CTOD('') |
| 字符型 | 空串、空格、回车等 | 日期时间型 | 空。如 CTOT('') |

续表

| 数据类型 | "空"值 | 数据类型 | "空"值 |
| --- | --- | --- | --- |
| 货币型 | 0 | 逻辑型 | .F. |
| 浮点型、双精度型 | 0 | 备注字段 | 空(无内容) |

**表 1 - 2 - 10 - B　VARTYPE( )返回值的数据类型**

| 返回字母 | 数据类型 | 返回字母 | 数据类型 |
| --- | --- | --- | --- |
| C | 字符型 | L | 逻辑型 |
| N | 数值型 | G | 通用型 |
| Y | 货币型 | O | 对象型 |
| D | 日期型 | X | NULL 值 |
| T | 日期时间型 | U | 未定义 |

### 三、实训环境

每名学生配备一台已安装了 Windows XP 或以上版本及 Visual FoxPro 6.0 的计算机。

### 四、实训内容

1. 使用? 命令

在 Visual FoxPro 的主窗口中,使用? 命令输出数值型常量 - 123.66 和 6.12E + 3;字符型常量[学习 VFP]和'12345';逻辑型常量.T. 和 .N.;日期型常量{^2012 - 05 - 25};日期时间型常量{^2012/05/12 10:50:40 A} 以及货币型常量 $123.45。

具体操作:启动 Visual FoxPro,在命令窗口中,按图 1 - 2 - 1 所示执行? 命令,观察主窗口显示的对应内容。

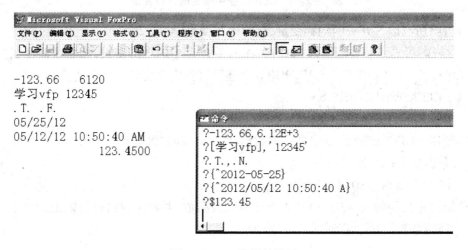

图 1 - 2 - 1　常量的使用

2. 内存变量的定义、显示、清除及数组的使用

（1）定义内存变量：学号、S1 和 S2，并使用？命令在主窗口输出。对应的命令及执行结果如图 1 - 2 - 2 所示。

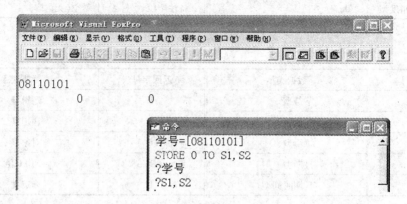

**图 1 - 2 - 2　建立内存变量并输出**

（2）显示所有以 S 开头的内存变量的变量名、作用域、类型以及值。相应的命令及执行结果如图 1 - 2 - 3 所示。

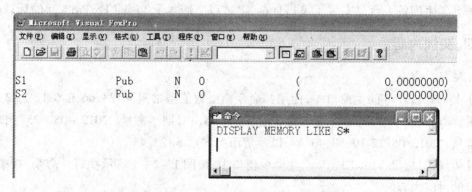

**图 1 - 2 - 3　显示内存中指定的内存变量**

（3）清除所有以 S 开头的内存变量，清除内存变量学号。

具体操作：可先使用 DISPLAY MEMORY 查看内存中的全部变量，然后在命令窗口中执行如下命令，最后使用 DISPLAY MEMORY 再查看这些内存变量是否已清除。

RELEASE ALL LIKE S＊

RELEASE 学号

（4）使用 DIMENSION 命令定义一维数组 ASD(4)和二维数据 SS(3,5)。

在命令窗口中执行如下命令：

DIMENSION ASD(4),SS(3,5)

（5）给已定义的数组 ASD(4)的 4 个数组元素赋值，并在主窗口进行输出。

相应的命令及执行结果如图 1 - 2 - 4 所示。

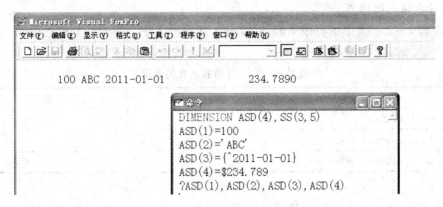

图 1 - 2 - 4　数组的定义、赋值和输出

3. 练习函数的使用,特别注意表 1 - 2 - 11 中的函数,在表中填写结果并上机验证

表 1 - 2 - 11　函数的使用

| 函数名表 | 结果 |
|---|---|
| SQRT(ABS( - 36)) | |
| ROUND(273. 6389,3),ROUND(273. 6389,0),ROUND(273. 6389, - 1),ROUND(273. 6389, - 2) | |
| MOD(19,4),MOD(19, - 4),MOD( - 19,4),MOD( - 19, - 4) | |
| MIN(10,2),MIN('10','2','ten'),MAX('工程师','工人'),MAX(. F. ,. T. ) | |
| LEN([Visual FoxPro]),LEN([Visual FoxPro 实训教程]),LEN([ ]) | |
| LEFT("FoxPro6. 0",6),RIGHT("FoxPro6. 0",3),SUBSTR("FoxPro6. 0",4,3) | |
| AT([Is],[This is a book]),AT("is",[This is a book]),AT("is",[This is a book],2) | |
| STUFF([good day!],6,3,[evening]),STUFF([good day!],6,0,[evening]) | |
| LIKE("ab * ","abc"),LIKE("abc","ab * "),LIKE("? b?","abc"),LIKE("? B?","abc") | |
| DATE( ),TIME( ),DATETIME( ),YEAR(DATE( )),HOUR(DATETIME( )) | |
| STR(123. 456),STR(123. 456,4),STR(123. 456,6,2) | |
| VAL(' - 23. 458xyz'),VAL('abc - 23. 458xyz'),VAL(' - 23. 458e2xyz') | |
| CTOD('2012/09/25') + 1,CTOT('2006/12/16' + ' ' + TIME( ))　　(日期格式:年月日) | |
| DTOC(DATE( )),DTOC(DATE( ),1),TTOC(DATETIME( )),TTOC(DATETIME( ),1) | |
| IIF(100 > 60,[正确],[错误]),IIF([100] > [60],[正确],[错误]) | |
| VARTYPE(a),VARTYPE([a]),VARTYPE( $86. 49),VARTYPE(DATE( )),VARTYPE(TIME( )) | |

执行如下命令,体会宏替换函数的使用。

mc = 7

a = [9]

ab = [m]

abc = [5]

? &abc + &a,&a + &ab. c + &abc +4　　　　　　&& 对运算结果进行分析说明

5.各种表达式的使用

(1)在表 1-2-12 中填写数值表达式的值,使用?命令上机验证并进行说明。

表 1-2-12　数值表达式的使用

| 数值表达式 | 结果 | 说明 |
|---|---|---|
| (280/7-3 * * 3) * 2+3 | | |
| -2^4+6/2-1,0-2^4+6/2-1 | | |
| 19%4,19%-4,-19%4,-19%-4 | | |

(2)在表 1-2-13 中填写字符表达式的值,使用?命令上机验证并进行说明。

表 1-2-13　字符表达式的使用

| 字符表达式 | 结果 | 说明 |
|---|---|---|
| "Visual FoxPro"+"实训"+"教程" | | |
| "Visual FoxPro"-"实训",LEN(SPACE(3)- SPACE(2)) | | |

(3)在表 1-2-14 中填写日期表达式的值,使用?命令上机验证并简单说明。

表 1-2-14　日期表达式的使用

| 日期表达式 | 结果 | 说明 |
|---|---|---|
| {^2012-05-29}-{^2012-05-20} | | |
| {^2012-05-29}+{^2012-05-20} | | |
| DATE()+5,DATETIME()-5 | | |

(4)在表 1-2-15 中填写关系表达式的值,使用?命令上机验证并进行说明。

表 1-2-15　关系表达式的使用

| 关系表达式 | 结果 | 说明 |
|---|---|---|
| 10>5,$100>$20 | | |
| "ab">"ABCD","100">"20","cn"<"中国" | | |
| {^2012/05/01}>{^2012/05/27} | | |
| "AB"$"ABCD","AC"$"ABCD" | | |
| "abcd"="abc" | | 在 SET EXACT ON 下 |
| | | 在 SET EXACT OFF 下(默认) |
| "abcd"=="abc","AB"=="ab" | | |

（5）在表 1 – 2 – 16 中填写逻辑表达式的值,使用? 命令上机验证并进行说明。

表 1 – 2 – 16　逻辑表达式的使用

| 逻辑表达式 | 结果 | 说明 |
| --- | --- | --- |
| 12 > 2 AND"群众" = "人民" OR . T. < . F. | | |
| NOT . F. AND 2 + 3 > 5, 1 = 2 . AND. 4 + 3 < 5 | | |
| LEN("Visual") < 8 OR [bcd] $ [abcd] AND 'abc' = 'ab' | | |

## 五、课外练习

### 1. 单选题

（1）下列函数中函数值为字符型的是（　　）。

A. DATE( )　　　　　　B. TIME( )　　　　　　C. YEAR( )　　　　　　D. DATETIME( )

（2）下列表达式中,运算值为日期型的是（　　）。

A. YEAR( DATE( ) )　　　　　　　　　　B. DATE( ) – CTOD("12/15/99")

C. DATE( ) – 100　　　　　　　　　　　D. DTOC( DATE( ) ) – "12/15/99"

（3）"X 是小于 100 的非负数"用 Visual FoxPro 表达式正确表示的是（　　）。

A. 0 < = X < 100　　　　　　　　　　　B. 0 < = X < = 100

C. X > = 0 AND X < 100　　　　　　　　D. 0 < = X OR X < 100

（4）下列表示"职称是教授或副教授"的条件表达式中错误的是（　　）。

A. 职称 = "教授" AND 职称 = "副教授"　　　B. "教授" $ 职称

C. 职称 IN ("教授","副教授")　　　　　　　D. LIKE(" * 教授",职称)

（5）设 M = "15",N = "M",执行命令 ? &N + "05" 的值是（　　）。

A. 1505　　　　　　B. 20　　　　　　C. M05　　　　　　D. 出错信息

（6）当前数据库有 10 条记录,在下列 3 种情况下:当前记录为 1 号记录时;EOF( )为真时;BOF( )为真时,命令 ? RECNO( )的结果分别是（　　）。

A. 1,11,1　　　　B. 1,10,1　　　　C. 1,11,0　　　　D. 1,10,0

（7）若内存变量和字段变量均有变量名"姓名",则引用内存变量的正确方法是（　　）。

A. M. 姓名　　　　B. M – >姓名　　　　C. 姓名　　　　D. A 和 B 都可以

### 2. 填空题

（1）Visual FoxPro 中的日期型、日期时间型、逻辑型、整型和货币型数据分别用＿＿＿＿、＿＿＿＿、＿＿＿＿、＿＿＿和＿＿＿个字节存储。

（2）Visual FoxPro 中有两种变量:内存变量和＿＿＿＿＿＿,当两者同名时,系统优先访问＿＿＿＿变量。

（3）函数 LEFT([12345. 6789],LEN([子串]))的计算结果为＿＿＿＿＿;LEN("计算机") < LEN(SUBSTR("COMPUTER",2,4))的输出结果是＿＿＿＿。

(4)"教师"表中有出生日期和职称字段,表示"1960 年以前(不包括 1960 年)出生的教授"的逻辑表达式是＿＿＿＿＿＿＿＿＿＿＿＿＿＿＿＿＿＿＿。

(5)执行命令 A = 2015/2/10 之后,内存变量 A 的数据类型是＿＿＿＿型。

(6)若 A = 9,B = 16,X = [ A + B ],则表达式 10 + &X 的值是＿＿＿＿。

(7)在 Visual FoxPro 中可以使用命令 DEMENSION 或＿＿＿＿＿说明数组变量。

3. 计算题

完成本实训中实训内容部分所有表格结果列的内容的计算。

# 实训 1.3　　学生成绩管理系统设计

## 一、实训目标

通过本次实训,要求学生了解 Visual FoxPro 是用户收集信息、查询数据、创建集成数据库系统和进行小型应用系统开发的理想工具;理解数据库应用系统开发的整个过程,特别是数据库设计的过程。

## 二、知识要点

### 1. 应用系统的开发步骤

开发应用系统一般要经过系统分析、系统设计、系统实施和系统维护四个阶段。

(1)系统分析阶段。主要进行信息的采集,充分理解用户需求,并根据用户的需求合理组织数据,这是决定系统开发可行性的重要环节。通过对应用系统所需信息的收集,确定应用系统的目标、开发的总体思路及所需的时间和费用等。

(2)系统设计阶段。首先对应用系统进行总体规划,然后具体设计程序完成的任务,数据的输入、输出要求以及数据结构的确立等,并用算法描述工具描述算法。认真细致地做好系统规划,可以有效地节省人力、物力和财力。

(3)系统实施阶段。按照系统论的思想,把应用程序视为一个大系统,将其分解为若干个小系统,继续向下分解成若干个功能模块,建立主程序,并保证主程序能够控制各个功能模块。一般采用"自顶向下"的设计思想开发主程序。

(4)系统维护阶段。修正系统程序的缺陷,增加新性能。该阶段中系统性能的测试尤为需要,可通过调试工具检查语法错误和算法设计错误,并及时加以修改。

### 2. 数据库应用系统的开发

与其他计算机应用系统相比,数据库应用系统具有数据量大、保存时间较长、数据关联复杂和用户要求多样化等特点。

数据库应用系统的开发主要包括应用系统的数据库设计和输入输出设计。数据库设计的关键是根据系统的需求确定数据库中的表、表中的字段以及相关表之间的联系。一个数据库应用系统的开发质量的高低在很大程度上取决于数据库设计的好坏,而设计数据库的实质就是设计满足实际应用需求的具体关系模型。使用 Visual FoxPro 具体实现时表现为数据库和表的结构合理,既存储了所需要的实体信息,又反映了实体和实体之间客观存在的联系。

在设计过程中,应把数据库的设计和对数据库中数据处理的设计紧密结合,将这两个方面的需求分析、设计和实现在各个阶段同时进行,相互参照,相互补充,以完善两方面的设计。

**3. 数据库应用系统的总体规划**

总体规划设计是系统开发的第一步,也是整个系统设计的关键。一个较完善的应用系统应具有以下不同功能的模块。

(1)设计系统主程序:这是整个系统最高一级的程序,通过它可以启动系统、了解系统总体功能。

(2)系统菜单:使用系统菜单可以快捷、方便地实现对系统的全部操作。

(3)登录表单:不同系统用户具有不同权限,通过不同口令安全、分层使用系统。

(4)系统数据库:这是整个系统运行过程中全部数据的来源。在进行系统开发时,首先要设计数据库中的诸多表及表间的关系,然后在此基础上设计视图和查询。

(5)数据输入表单:原始数据的输入窗口,通过它可准确、快捷地输入数据信息。

(6)系统维护表单:维护系统全部数据资源的窗口,通过它可以修改、删除、增加或显示数据。

(7)数据查询表单:进行数据检索的窗口,通过它可以查找、浏览或输出数据。

(8)项目文件:整个系统的核心文件,是系统所有资源文件的集合。通过它可以对系统资源进行维护,还可以生成应用程序和可执行文件。

**4. 数据库的设计原则**

(1)关系数据库的设计应遵从概念单一化"一事一地"的原则。一个表描述一个实体或实体间的一个联系,避免设计大而复杂的表。

(2)避免在表之间出现不必要的重复字段。保证表中有反映与其他表之间存在联系的外部关键字段。

(3)表中的字段必须是原始数据和基本数据元素。

(4)用外部关键字保证有关联的表之间的联系。

**5. 数据库设计的过程**

(1)需求分析。主要完成数据的收集、分析和处理工作。

(2)确定需要的表。最具技巧性,可按照数据库设计的概念单一化"一事一地"原则,把信息分解为各种基本实体,用 E-R 图描述实体及实体间的联系,然后将其转换为计算机能够处理的关系模型。具体实现时,可用表来描述实体或实体间的联系。

(3)确定每个表的必需字段。注意从以下几点把握:

①每个字段直接和表的实体相关;

②以最小的逻辑单位存储信息;

③表中的字段必须是原始数据;

④确定主关键字段;

⑤字段名的命名应符合 Visual FoxPro 的字段名的命名规则。

(4)确定表间联系,使表的结构更加合理。实体和实体间的联系有一对一(1:1)、一对多(1:n)和多对多(m:n)3 种关系,对应的表间关系也归纳为这 3 种。

在一对一关系中,表 A 中的一条记录对应于表 B 中的一条记录;表 B 中的一条记录也只能对应于表 A 的一条记录,两表记录之间一一对应。这种关系最简单。

在一对多关系中,表 A 中的一条记录对应于表 B 中的多条记录;表 B 中的一条记录只对应于表 A 中的一条记录。这种关系最普遍。

在多对多关系中,表 A 的一条记录对应于表 B 中的多条记录;表 B 中的一条记录也对应于表 A 中的多条记录。这种关系较复杂。

在表间建立关系可以有效地避免数据冗余。Visual FoxPro 利用数据库将相关的表联系在一起,相关表可以在数据库中建立关系。在通常情况下,表间关系都是在一个表的主关键字和另一个相关表的外部关键字之间建立的。

若两表间是一对多关系,可在"一方"的该字段上建立主索引或候选索引,在"多方"的该字段上使用普通索引;若两表间是多对多关系,在具体设计数据库时,为了避免数据的重复存储并保持多对多关系,可创建"第三方表",把多对多联系分解成两个一对多联系,因为该表包含两个表的主关键字,在两表之间起纽带的作用,故被称为"纽带表"。纽带表不一定有自己的主关键字,若需要,可将该表中两个外部关键字作为组合关键字来实现。

如成绩管理数据库中的 XS. DBF 和 KC. DBF 之间就是多对多的关系:一个学生可以选修多门课程,一门课程也可以被多个学生选修。此时,可通过 CJ. DBF 将其分解为两个一对多的关系,CJ. DBF 就是纽带表。

(5)设计求精。反复检查改进,最后确定数据库应用系统的原型。

**6. 应用程序主要功能模块设计**

(1)设计欢迎界面和登录表单。运行系统后,首先出现欢迎界面显示系统简要信息,然后出现登录表单。在设计登录界面时要考虑界面的美观大方。另外系统口令的输入要尽量方便、简捷,最好有容错功能。

(2)数据表单的设计。即设计数据输入、数据维护和数据查询等几种类型的表单。

(3)主菜单的设计。

**7. 应用程序的生成**

(1)建立或组装项目文件。将所有与系统相关的资源文件添加到项目文件中。

(2)设置项目信息。在项目中设置系统开发者的相关信息、系统桌面及系统是否加密等内容。

(3)连编项目。设置文件的包含和排除,设置主文件,然后进行项目连编。

(4)将系统连编成应用程序. app 或可独立执行的. exe 文件。

(5)当系统通过多次试运行并将错误改正后,应用系统即可交付使用。

**三、实训环境**

由 4~5 名同学组成小组进行讨论,每名学生配备一台已安装了 Windows XP 或以上版本及 Visual FoxPro 6.0 的计算机。

## 四、实训内容

1. 设计"学生成绩管理"数据库应用系统

按照数据库系统的总体规划和设计原则,对调查结果进行分析,确定系统的总体结构和各主要功能模块,如图 1 - 3 - 1 所示。

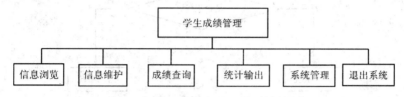

**图 1 - 3 - 1　学生成绩管理系统功能模块结构图**

2. 功能模块设计

(1)学生成绩信息的采集与编辑修改。在学校中,学生成绩信息的采集是非常频繁的,所以在学生成绩管理系统中,必须具有学生、课程及成绩等基本信息的采集、增加、修改和删除等基本的功能。

(2)学生成绩的分类查询与统计。要求能进行各种形式的查询,并能进行各种分类统计,能输出各种形式的报表。

(3)系统管理与维护。提供一些基本的系统管理维护功能,如基本数据的备份、增加用户及密码的修改等。

其中,各模块的基本功能描述如下:

信息浏览:可浏览学生、课程及成绩信息。

信息维护:可对学生、课程、成绩和班级信息进行增、删、改操作。

成绩查询:可按学号或课程进行成绩查询,还可按班级查询成绩。

统计输出:能进行数据统计和报表输出。可按入学年份、系和专业统计学生信息,也可按班级、课程统计学生成绩,还可输出学生报表、课程报表、课程成绩报表、班级成绩册和学生成绩单。

系统管理:可以增加新用户、修改旧密码,并实现对学生和课程基本数据的备份与恢复。

3. 系统总体流程

系统总体流程如图 1 - 3 - 2 所示。

4. 系统开发准备

(1)创建文件夹和项目文件。在 F 盘上创建一个"成绩管理系统"文件夹,将其设置为系统默认目录,并在其中创建一个名为"学生成绩管理"的项目文件。

(2)创建配置文件。在该项目中建立配置文件 CONFIG. PRG,具体内容如下:

```
Keycomp = window

Escape = off

Title = 学生成绩管理系统
```

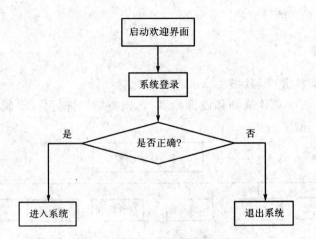

图 1 – 3 – 2　系统总体流程图

5. 数据库设计

在学生成绩管理过程中主要涉及学生和课程两个实体,它们之间存在着多对多的联系,可用 E-R 图表示,如图 1 – 3 – 3 所示。

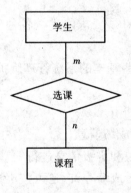

图 1 – 3 – 3　学生和课程的 E-R 图

这里,可以把学生、课程实体设计成学生表和课程表,分别存储学生信息和课程信息,把它们之间的联系"选课"设计成一个成绩表,用来存储成绩信息。成绩表作为"纽带表",其中应包含学生表和课程表的主关键字"学号"和"课程号"。3 个表的结构如表 1 – 3 – 1、表 1 – 3 – 3 和表 1 – 3 – 5 所示,内容如表 1 – 3 – 2、表 1 – 3 – 4 和表 1 – 3 – 6 所示。

表 1 – 3 – 1　学生基本情况表(XS. DBF)结构

| 字段名 | 字段类型 | 字段宽度 | 小数位数 | 字段名 | 字段类型 | 字段宽度 | 小数位数 |
|---|---|---|---|---|---|---|---|
| 学号 | 字符型(C) | 8 | | 专业 | 字符型(C) | 10 | |
| 姓名 | 字符型(C) | 8 | | 班级号 | 字符型(C) | 6 | |
| 性别 | 字符型(C) | 2 | | 简历 | 备注型(M) | 4 | |
| 出生日期 | 日期型(D) | 8 | | 照片 | 通用型(G) | 4 | |
| 系别 | 字符型(C) | 8 | | | | | |

注:学号的第 1～2 位表示入学年份,第 3、4 位分别表示系和专业代号,第 5～6 位表示班级号。

**表 1 - 3 - 2　学生基本情况表 ( XS. DBF ) 内容**

| 学号 | 姓名 | 性别 | 出生日期 | 系别 | 专业 | 班级号 | 简历 | 照片 |
|------|------|------|----------|------|------|--------|------|------|
| 07110101 | 张一凡 | 女 | 1989 - 1 - 14 | 信息系 | 会计电算化 | 071101 | | |
| 08110101 | 李林 | 男 | 1990 - 2 - 23 | 信息系 | 会计电算化 | 081101 | | |
| 08110202 | 夏子怡 | 女 | 1989 - 12 - 6 | 信息系 | 会计电算化 | 081102 | | |
| 08120103 | 林涛 | 男 | 1989 - 11 - 28 | 信息系 | 信息管理 | 081201 | | |
| 08130102 | 郑小娟 | 女 | 1990 - 4 - 3 | 信息系 | 电子商务 | 081301 | | |
| 07410102 | 王丽雯 | 女 | 1989 - 8 - 30 | 工商系 | 市场营销 | 074101 | | |
| 07410103 | 刘家林 | 男 | 1989 - 2 - 3 | 工商系 | 市场营销 | 074101 | | |
| 08420108 | 陈月茹 | 女 | 1990 - 7 - 29 | 工商系 | 物流管理 | 084201 | | |
| 07320106 | 高明 | 男 | 1990 - 1 - 25 | 财税系 | 建筑工程 | 073201 | | |
| 08310105 | 张开琪 | 女 | 1990 - 9 - 2 | 财税系 | 金融 | 083101 | | |
| 08310108 | 王金玉 | 女 | 1989 - 10 - 23 | 财税系 | 金融 | 083101 | | |
| 07210101 | 章炯 | 男 | 1988 - 12 - 3 | 会计系 | 会计 | 072101 | | |
| 07210202 | 刘诗加 | 女 | 1989 - 3 - 15 | 会计系 | 会计 | 072102 | | |
| 08220303 | 陈碧玉 | 女 | 1989 - 12 - 25 | 会计系 | 财务管理 | 082203 | | |
| 08230204 | 朱茵 | 女 | 1990 - 10 - 7 | 会计系 | 会计与审计 | 082302 | | |
| 08230401 | 王一博 | 男 | 1990 - 10 - 17 | 会计系 | 会计与审计 | 082304 | | |

**表 1 - 3 - 3　课程信息表 ( KC. DBF ) 结构**

| 字段名 | 字段类型 | 字段宽度 | 小数位数 |
|--------|----------|----------|----------|
| 课程号 | 字符型(C) | 5 | — |
| 课程名 | 字符型(C) | 14 | — |
| 开设学期 | 数值型(N) | 1 | 0 |
| 课时 | 数值型(N) | 3 | 0 |

**表 1 - 3 - 4　课程信息表 ( KC. DBF ) 内容**

| 课程号 | 课程名 | 开设学期 | 课时 | 课程号 | 课程名 | 开设学期 | 课时 |
|--------|--------|----------|------|--------|--------|----------|------|
| 01001 | 高等数学 | 1 | 64 | 03005 | 基础审计 | 3 | 68 |
| 01002 | 英语 | 1 | 64 | 04001 | 金融学基础 | 1 | 64 |
| 01003 | 计算机应用基础 | 1 | 68 | 04002 | 证券交易 | 3 | 68 |
| 01004 | 道德与法律基础 | 1 | 32 | 05001 | 市场营销 | 2 | 64 |
| 02001 | 计算机网络 | 2 | 64 | 05002 | 电子商务基础 | 1 | 60 |
| 02002 | 网络数据库 | 3 | 84 | 05003 | 网上支付 | 2 | 68 |
| 02003 | 平面设计 | 3 | 68 | 05004 | 物流管理概论 | 1 | 60 |
| 02004 | 网页设计 | 3 | 68 | 05005 | 运输管理 | 3 | 68 |
| 03001 | 会计基础 | 1 | 90 | 06001 | 工程制图 | 1 | 60 |

续表

| 课程号 | 课程名 | 开设学期 | 课时 | 课程号 | 课程名 | 开设学期 | 课时 |
|---|---|---|---|---|---|---|---|
| 03002 | 财务会计 | 2 | 96 | 06002 | AutoCAD | 2 | 64 |
| 03003 | AIS 建立与运行 | 3 | 54 | 06003 | 工程概预算 | 3 | 84 |
| 03004 | 成本会计 | 4 | 80 | 06004 | 工程项目管理 | 4 | 64 |

表 1 - 3 - 5　学生成绩表(CJ.DBF)结构

| 字段名 | 字段类型 | 字段宽度 | 小数位数 |
|---|---|---|---|
| 学号 | 字符型(C) | 8 | — |
| 课程号 | 字符型(C) | 5 | — |
| 成绩 | 数值型(N) | 5 | 1 |

表 1 - 3 - 6　学生成绩表(CJ.DBF)内容

| 学号 | 课程号 | 成绩 | 学号 | 课程号 | 成绩 | 学号 | 课程号 | 成绩 |
|---|---|---|---|---|---|---|---|---|
| 08110101 | 01001 | 74 | 07320106 | 06002 | 71 | 07210101 | 03002 | 78 |
| 08110101 | 03001 | 92 | 07320106 | 06003 | 62 | 07210202 | 03001 | 94 |
| 08110202 | 01002 | 65 | 08310105 | 01002 | 62 | 07210202 | 01002 | 49 |
| 08110202 | 03001 | 91 | 08310105 | 04001 | 82 | 07210202 | 03002 | 67 |
| 08110202 | 03002 | 89 | 08310108 | 01003 | 85 | 08220303 | 01001 | 96 |
| 07110101 | 01002 | 87 | 08310108 | 04001 | 78 | 08220303 | 01002 | 65 |
| 07110101 | 03002 | 81 | 07410102 | 01001 | 45 | 08220303 | 03001 | 83 |
| 07110101 | 03003 | 76 | 07410102 | 05001 | 90 | 08220303 | 03002 | 76 |
| 08120103 | 02001 | 74 | 07410103 | 01001 | 53 | 08230204 | 01002 | 90 |
| 08120103 | 02002 | 46 | 07410103 | 05001 | 94 | 08230204 | 03001 | 53 |
| 08130102 | 02001 | 58 | 08420108 | 01001 | 80 | 08230204 | 03002 | 82 |
| 08130102 | 02004 | 82 | 08420108 | 05004 | 93 | 08230401 | 01002 | 81 |
| 08130102 | 05002 | 63 | 07210101 | 01001 | 55 | 08230401 | 03001 | 67 |
| 07320106 | 06001 | 78 | 07210101 | 03001 | 72 | 08230401 | 03002 | 74 |

　　因涉及对班级和用户的管理,因此还设计了班级表(BJ.DBF)和密码表(ID.DBF)来保存班级和用户信息。表结构和内容分别如表 1 - 3 - 7、表 1 - 3 - 8、表 1 - 3 - 9 和表 1 - 3 - 10 所示。

表 1 - 3 - 7　班级表(BJ.DBF)结构

| 字段名 | 字段类型 | 字段宽度 | 小数位数 |
|---|---|---|---|
| 班级号 | 字符型(C) | 6 | — |
| 班级名 | 字符型(C) | 20 | |

表 1 - 3 - 8　班级表 ( BJ. DBF ) 内容

| 班级号 | 班级名 | 班级号 | 班级名 |
|---|---|---|---|
| 071101 | 07 会计电算化一班 | 073201 | 07 建筑工程一班 |
| 081101 | 08 会计电算化一班 | 083101 | 08 金融一班 |
| 081102 | 08 会计电算化二班 | 072101 | 07 会计一班 |
| 081201 | 08 信息管理一班 | 072102 | 07 会计二班 |
| 081301 | 08 电子商务一班 | 082203 | 08 财务管理三班 |
| 074101 | 07 市场营销一班 | 082302 | 08 会审二班 |
| 084201 | 08 物流管理一班 | 082304 | 08 会审四班 |

表 1 - 3 - 9　密码表 ( ID. DBF ) 结构

| 字段名 | 字段类型 | 字段宽度 | 小数位数 |
|---|---|---|---|
| 用户名 | 字符型 ( C ) | 8 | — |
| 密码 | 字符型 ( C ) | 6 | — |
| 身份 | 逻辑型 ( L ) | 1 | — |

表 1 - 3 - 10　密码表 ( ID. DBF ) 内容

| 用户名 | 密码 | 身份 | 用户名 | 密码 | 身份 |
|---|---|---|---|---|---|
| admin | 123456 | . T. | 07320106 | cjcx | . F. |
| 07110101 | cjcx | . F. | 08310105 | cjcx | . F. |
| 08110101 | cjcx | . F. | 08310108 | cjcx | . F. |
| 08110202 | cjcx | . F. | 07210101 | cjcx | . F. |
| 08120103 | cjcx | . F. | 07210202 | cjcx | . F. |
| 08130102 | cjcx | . F. | 08220303 | cjcx | . F. |
| 07410102 | cjcx | . F. | 08230204 | cjcx | . F. |
| 07410103 | cjcx | . F. | 08230401 | cjcx | . F. |
| 08420108 | cjcx | . F. | | | |

为了建立学生表、课程表及成绩表之间的联系,我们设计了"成绩管理"数据库来存储这些表及它们之间的联系。

6. 表单、报表和系统菜单设计

(1)系统欢迎界面和用户登录界面。欢迎界面运行效果如图 1 - 3 - 4 所示。

此表单运行 10 秒钟后自动退出,出现用户登录窗口,如图 1 - 3 - 5 所示。

用户登录界面设置有学生和管理员两种身份登录。学生以本人学号登录,初始密码为"cjcx",登录成功后,进入系统可按学号查询本人各科成绩及平均成绩,还可修改初始密码;管理员成功登录系统后可进行各种操作。

(2)设计各种输入/输出和查询表单。

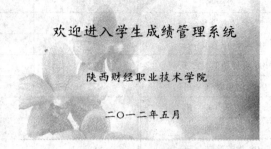

图1-3-4　欢迎界面

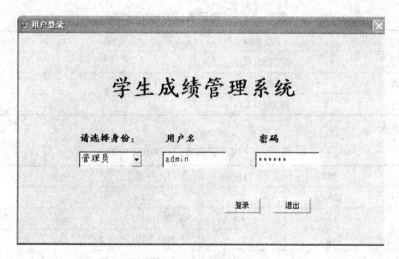

图1-3-5　用户登录窗口

(3)设计各种统计报表。

(4)设计学生成绩管理系统菜单。

7.连编应用程序

(1)添加各类文件到项目中。

(2)设置文件的"排除"与"包含"。

(3)主文件的设计与设置。

(4)连编项目。

(5)连编应用程序。

(6)运行应用程序。

## 五、课外练习

1.单选题

(1)在奥运会游泳比赛中,一个游泳运动员可以参加多项比赛,一个游泳比赛项目可以有多个运动员参加,游戏运动员与游泳比赛项目两个实体之间的联系是(　　　)联系。

A.一对一　　　　　　　B.一对多　　　　　　　C.多对多　　　　　　D.无对应

(2)下列叙述中正确的是(　　)。

A.为了建立一个关系,首先要构造数据的逻辑关系

B.表示关系的二维表中各元组的每一个分项还可以分成若干数据项

C.一个关系的属性名表称为关系模式

D.一个关系可以包括多个二维表

(3)数据库设计中,用 E-R 图来描述信息结构但不涉及信息在计算机中的表示,它属于数据库设计的(　　)。

A.需求分析阶段　　　B.逻辑设计阶段　　　C.概念设计阶段　　　D.物理设计阶段

2.填空题

(1)在 E-R 图中,矩形表示_____,菱形框表示_____,椭圆表示_____。

(2)实体间的联系主要有3种:一对一、_____ 和多对多。

(3)人员基本信息一般包括身份证号、姓名、性别和年龄等,其中可以作为主关键字的是_____。

# 第2章　数据库和表

数据存储于表中，Visual FoxPro 利用数据库将相关的表联系在一起。表和表之间可以建立临时关联，同一个数据库中的表相互之间还可以建立永久关系，这样不仅可以有效地避免数据冗余，而且为保证数据完整性奠定了基础。

## 实训 2.1　自由表的创建及其操作

### 一、实训目标

通过本次实训，要求学生熟练掌握自由表的创建、打开与关闭以及表结构的显示与修改；掌握表记录的浏览、显示、追加、修改、定位、查询、删除与恢复；理解索引的概念、类型；熟练掌握在自由表中各种索引的建立和使用方法。

### 二、知识要点

1. 表的概念及分类

Visual FoxPro 中的表是指存储在磁盘上的、由行和列组成的二维表。表中的每一列称为一个字段；表中的第一行是各字段的名称，即字段变量，从第二行起，每一行称为一条记录。

表以 .DBF 文件的形式存储在磁盘上。一个表文件由表名、表结构和记录 3 部分组成。如果表中有备注或通用型字段，则还会在磁盘上产生一个与表同名的 .FPT 备注文件，该文件与表文件必须同时存在，不可分割。

按照表是否属于某个数据库可将表分为数据库表和自由表两种。本实训主要介绍自由表的创建和使用方法。

2. 自由表的创建

自由表可以从新建对话框中创建，也可在项目管理器中创建，还可使用如下命令创建：

  CREATE ＜表名＞

创建表通常分两步：首先定义表结构，然后再输入表记录。

（1）定义表结构。可使用表设计器定义表结构，在其中要定义表中各字段的基本属性，如字段名、字段类型、字段宽度、小数位数以及该字段是否有空值支持等内容。图 2 - 1 - 1 就是一个表设计器。

其中，字段名是指每个字段的名字，可以由字母、汉字、数字和下划线等组合而成，必须以字母或汉字开头，不能有空格，字母不区分大小写，不能与 Visual FoxPro 中的函数名、关键字或命令动词同名。自由表的字段名长度不能超过 10。

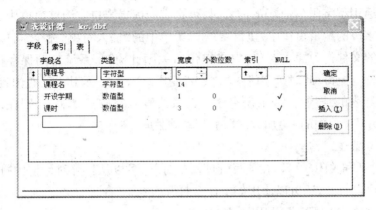

**图 2 - 1 - 1   表设计器**

类型即字段变量的数据类型,用来指明字段的数据特征,也就是定义用户能在字段中输入的值的类型。有 N、C、D、T、L、Y、I、M 和 G 共 9 种常用的类型。

宽度是指该字段所能容纳的数据的最大字节数。

小数位数是指数值型数据要保留的小数位数,其值 = 宽度 - 整数位数 - 1(小数点)。

NULL 值(空值)表示缺值或其值尚未确定,其含义不同于零或空格。如果允许某个字段取空值,可单击该字段 NULL 值列的对应按钮,在其上显示"√"。

(2)修改表结构。在表设计器窗口中对表结构可以进行任意修改,如增加、删除字段,修改字段名、类型、宽度,可以建立、修改、删除索引,还可以建立、修改、删除有效性规则等。可以使用命令 MODIFY STRUCTURE 打开当前表的表设计器。

(3)输入表记录。在表中输入数据,Visual FoxPro 提供编辑窗口和浏览窗口两种界面来输入记录,如图 2 - 1 - 2 所示。

(a)                                        (b)

**图 2 - 1 - 2   输入记录的界面**
(a)编辑窗口;(b)浏览窗口

**注意:**

①在输入备注型字段"简历"的内容时,只需要在表的编辑或浏览窗口中双击该记录的"memo",打开该记录的简历字段编辑窗口,在其中既可输入备注型字段内容,也可对其已有内容进行修改,输入完成后关闭此窗口,系统自动保存输入的内容,此时该字段中的"memo"变成了"Memo",表示其中已有内容;

②在输入通用型字段"照片"的内容时,可在表的编辑窗口或浏览窗口中双击"gen",在打开的通用型字段的编辑窗口中,执行"编辑"菜单中的"插入对象"命令,可以新建对象,也可以选择已有的文件作为插入对象,完成操作后关闭此窗口,系统自动保存输入内容并返回表的编辑或浏览窗口,此时该字段中的"gen"变成"Gen",表示其中已有内容;

③在定义好表的结构后,如果没有输入记录或没有完成记录输入,则在以后输入记录时,可执行"显示"菜单中的"追加方式"命令输入数据。

3. 表的基本操作

(1)表的打开和关闭。可以在项目管理器中打开,可以从打开对话框中打开,也可以通过数据工作期窗口打开,还可以使用如下命令打开表:

　　　USE ＜表名＞ EXCLUSIVE|SHARED

**注意**:表是否打开可在数据工作期窗口查看。

可以使用 USE 命令关闭当前表,也可以在数据工作期窗口关闭表。

(2)在主窗口显示表结构和表记录。命令格式如下所示。

显示表结构:LIST/DISPLAY STRUCTURE

显示表记录:LIST/DISPLAY ［FOR ＜条件＞］

(3)表中记录的浏览、追加、删除和修改。在打开表后,执行"显示"菜单中的"浏览"命令可浏览表中的记录,执行"追加方式"命令可进入记录的追加状态;在命令窗口执行 AP-PEND BLANK 命令可在表文件尾添加一条空白记录。

删除记录分为两步:首先逻辑删除,然后物理删除。逻辑删除指对要删除的记录做删除标记(使用 DELETE 命令),必要时可以去掉删除标记恢复记录(使用 RECALL 命令);物理删除指将带有删除标记的记录从表中彻底删除(使用命令 PACK),物理删除的记录不可恢复。如果要物理删除表中的全部记录,可以使用 ZAP 命令(不用先进行逻辑删除)。

删除记录和恢复记录均可通过菜单方式和命令方式来实现。

在表的浏览窗口中可以直接进行表中记录的修改。若是有规律的成批修改可执行"表"菜单中的"替换字段"命令或使用 REPLACE 命令,命令格式如下:

　　　REPLACE ［＜范围＞］＜字段名＞ WITH ＜表达式＞［＜条件＞］

(4)表中记录的定位和查询。记录的定位有直接定位、相对定位和条件定位3种方式。

直接定位是指把记录指针移到指定记录;相对定位是指把记录指针从当前记录向文件首或文件尾移动若干条记录;条件定位是指按一定的条件在表中查找符合条件的记录。

①记录的直接定位:GO n|TOP|BOTTOM

说明:n 是记录号;TOP 是表头,当不使用索引时是 1 号记录,使用索引时是按索引项排在最前面的记录;BOTTOM 是表尾,当不使用索引时是记录号最大的记录,使用索引时是按索引项排在最后面的记录。

②相对定位记录的命令:SKIP ［n］

说明:n 可以是正整数和负整数,默认值为 1。

③条件定位记录的命令:LOCATE ［FOR ＜条件＞］

说明:执行此命令可将记录指针定位到满足条件的首记录,若要继续查找下一个满足条件的记录,可使用 CONTINUE 命令。如果没有记录满足条件,则记录指针指向表文件尾。

4.索引的概念

索引类似于一本书的目录,通常是指按表文件中的某个关键字段或表达式建立记录的逻辑顺序。在一个表中可以创建和使用不同的索引。

两个基本概念:索引关键字(索引表达式)是指建立索引的一个字段或字段表达式;索引标识(索引名)是指索引关键字的名称,必须以下划线、字母或汉字开头。

使用索引可以提高查询速度,但索引会降低插入、删除和修改记录等操作的速度。另外,索引也是建立表的关联及数据库中表间永久关系等操作的基础。

5.索引的类型

Visual FoxPro 提供了 4 种不同的索引:主索引、候选索引、普通索引和唯一索引。其中,主索引和候选索引能够唯一标识表中的每条记录,但主索引只能在数据库表中建立,且一个表只能建立一个。在一个表中可以建立多个候选索引、多个普通索引和多个唯一索引。

如果在表中按索引表达式建立了索引,就会产生一个相应的索引文件。Visual FoxPro 中的索引文件有结构复合索引、非结构单索引和非结构复合索引 3 种类型。索引文件不能单独使用。

结构复合索引文件(.CDX)是最普通也是最重要的一种,其文件主名和表相同,使用表设计器建立的索引就属于这类索引,它具有随表的打开自动打开、在同一索引文件中包含多个索引方案或索引关键字、在表中更新记录时能自动维护索引等特点。

6.索引的建立和使用

(1)创建索引。通过表设计器建立索引最简单,在表设计器的"字段"选项卡中,指定索引字段的升序或降序,就会在该字段上建立一个索引名和索引表达式都是对应字段名的普通索引;在"索引"选项卡中可以更改索引名、索引表达式和索引类型。

**注意:**

①备注型和通用型字段不能作为索引关键字段;

②可以按表中的一个字段建立索引,也可以按多个字段的组合表达式来建立,不同类型字段构成一个表达式时,必须转换成同一种数据类型(如字符型);

③建立索引后,表中记录按索引关键字的逻辑顺序排列,其物理顺序并不改变。

(2)设置当前索引。可以在工作区属性对话框中的"索引顺序"下拉列表中选择索引项来设定当前索引,也可以用如下命令来设定当前索引:

SET ORDER TO [TAG] <索引标识>

(3)删除索引。在表设计器的"索引"选项卡中可以删除索引,也可以使用如下命令删除索引:

DELETE TAG TagName1 | ALL

其中,TagName1 指出了要删除的索引名,若要删除全部索引可使用 ALL 选项。

## 三、实训环境

每名学生配备一台已安装了 Windows XP 或以上版本及 Visual FoxPro 6.0 的计算机,并已完成本书前面章节的全部实训。

### 四、实训内容

1. 通过新建对话框创建自由表 XS. DBF(学生基本情况表)和 KC. DBF(课程信息表)
操作步骤如下。

(1)打开 Visual FoxPro,设置文件的默认目录为 D:\成绩管理系统。

(2)执行"文件"菜单中的"新建"命令创建表 XS. DBF。按实训 1.3 中的表 1 - 3 - 1 在
图 2 - 1 - 3 所示的表设计器中定义该表的结构。

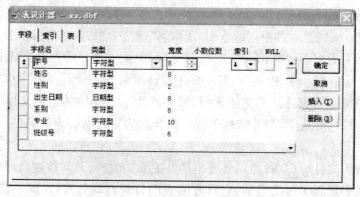

**图 2 - 1 - 3　定义 XS. DBF 的结构**

(3)完成后单击"确定"按钮保存表。选择现在输入数据,进入表的编辑窗口,按实训
1.3 中的表 1 - 3 - 2 输入记录。输入完成后关闭窗口,系统自动保存输入的数据。

(4)按照同样的方法创建 KC. DBF,表结构和记录如实训 1.3 中的表 1 - 3 - 3 和表
1 - 3 - 4 所示。

2. 在项目管理器中创建自由表 BJ. DBF(班级表)

具体操作:打开学生成绩管理. pjx,在其项目管理器的"数据"选项卡中选择"自由表",
单击"新建"按钮,按照实训 1.3 中的表 1 - 3 - 7 和表 1 - 3 - 8 所示创建 BJ. DBF,完成操作
后的项目管理器如图 2 - 1 - 4 所示。

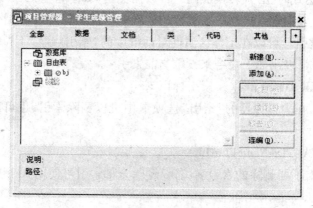

**图 2 - 1 - 4　在项目管理器中新建表**

3. 使用 CREATE 命令创建 ID. DBF(密码表)

具体操作:在命令窗口执行命令 CREATE ID,即可打开表 ID. DBF 的表设计器,按照实训 1.3 中的表 1-3-9 和表 1-3-10 所示完成表 ID. DBF 的创建。

4. 在数据工作期窗口打开 XS. DBF 和 KC. DBF

具体操作:执行"窗口"菜单中的"数据工作期"命令或单击常用工具栏上的"数据工作期窗口"按钮,打开图 2-1-5(a)所示的数据工作期窗口。单击"打开"按钮,在打开的对话框中选择 XS. DBF,勾选"独占"复选框,单击"确定"按钮即以独占方式打开该表。按照同样的方法打开 KC. DBF,图 2-1-5(b)为同时打开了 XS. DBF 和 KC. DBF 的数据工作期窗口。

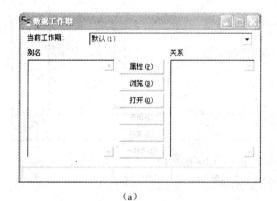

(a)

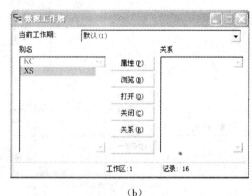

(b)

**图 2-1-5　数据工作期窗口**

(a)独占方式打开;(b)同时打开

要关闭表,只需要在数据工作期窗口的"别名"列表框中选中要关闭的表,再单击"关闭"按钮即可,也可在命令窗口中执行 USE 命令关闭当前表。

5. 在主窗口中显示 XS. DBF 的结构和内容

修改 KC. DBF 的结构,使开设学期、课时字段可以取空值。

具体操作:打开表 XS. DBF,在命令窗口中输入 LIST STRUCTURE,按回车键即可在主窗口显示该表的结构,如图 2-1-6 所示。

执行 DISPLAY ALL 命令或 LIST 命令,可以在主窗口显示当前表的全部内容。

打开表 KC. DBF,在命令窗口执行"MODIFY STRUCTURE"命令打开表设计器,在其中进行图 2-1-7 所示的设置,则这两个字段中就可接受空值(. null. )输入。

6. 浏览 XS. DBF 的内容,把其中的专业名称"会计电算化"更名为"会电"

操作步骤如下。

(1)打开 XS. DBF,执行"显示"菜单中的"浏览"命令浏览该表内容。

(2)执行"表"菜单中的"替换字段"命令,在打开的替换字段对话框中进行图 2-1-8 所示的设置,单击"确定"按钮完成修改。

(3)查看并记录命令窗口中显示的对应 REPLACE 命令。

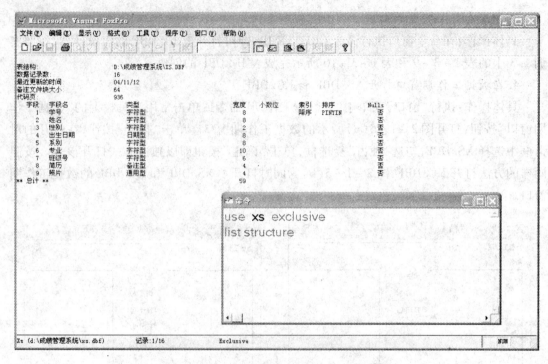

图 2 – 1 – 6 在主窗口显示表 XS. DBF 的结构

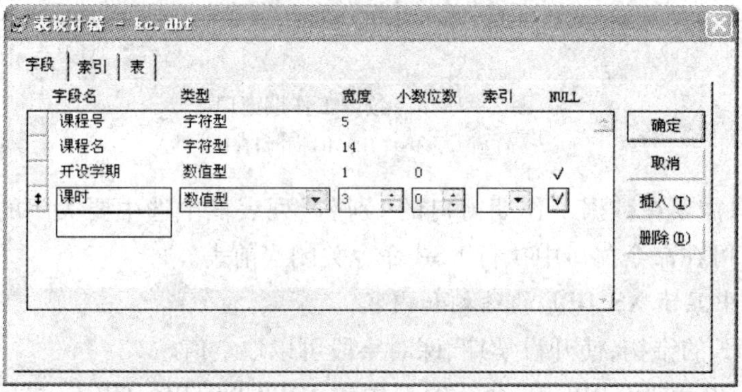

图 2 – 1 – 7 修改 KC. DBF 的结构

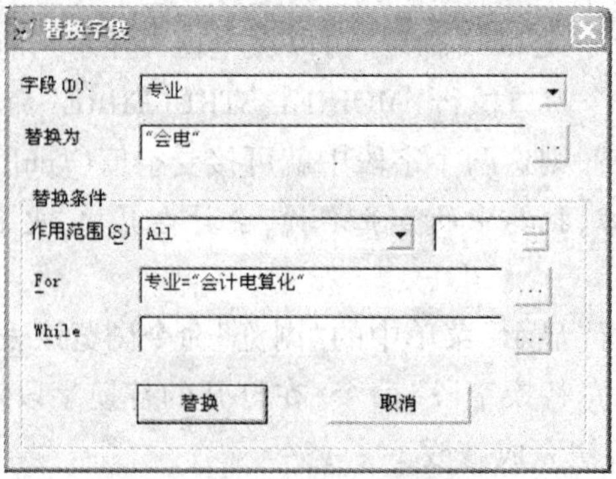

图 2 – 1 – 8 替换字段设置

7. 在 XS.DBF 中查找工商系学生的信息,并逐条显示其记录号和内容

操作步骤如下。

(1)打开 XS.DBF,在命令窗口依次执行如下命令:

　　LOCATE FOR 系别 = [工商系]

　　? RECNO( ),EOF( )　　　　　　　&& 当前记录号、表文件尾测试

　　DISPLAY　　　　　　　　　　　&& 在主窗口显示当前记录内容

仔细观察并理解主窗口中显示的内容。

(2)如果 EOF( )的值为.F.,说明表中还有工商系的学生,重复执行以下命令继续查找。

　　CONTINUE　　　　　　　　　　&& 查找下一个满足条件的记录

　　? RECNO( ),EOF( )

　　DISPLAY

(3)若 EOF( )的值为.T.,说明已到表文件尾,满足条件的记录查找完毕。

8. 逻辑删除市场营销专业的学生记录,然后取消删除标记恢复记录

操作步骤如下。

(1)打开 XS.DBF 的浏览窗口,执行"表"菜单中的"删除记录"命令,在打开的删除对话框中进行图 2 - 1 - 9 所示的设置。

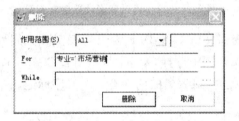

**图 2 - 1 - 9　指定删除条件**

(2)单击"删除"按钮,可逻辑删除指定记录,如图 2 - 1 - 10 所示。

| 学号 | 姓名 | 性别 | 出生日期 | 系别 | 专业 | 简历 | 照片 | 班级号 |
|---|---|---|---|---|---|---|---|---|
| 07110101 | 张一凡 | 女 | 01/14/89 | 信息系 | 会计电算化 | memo | gen | 071101 |
| 08110101 | 李林 | 男 | 02/23/90 | 信息系 | 会计电算化 | memo | gen | 081101 |
| 08110202 | 夏子怡 | 女 | 12/06/89 | 信息系 | 会计电算化 | memo | gen | 081102 |
| 08120103 | 林涛 | 男 | 11/28/89 | 信息系 | 信息管理 | memo | gen | 081201 |
| 08130102 | 郑小娟 | 女 | 04/03/90 | 信息系 | 电子商务 | memo | gen | 081301 |
| 07410102 | 王丽雯 | 女 | 08/30/89 | 工商系 | 市场营销 | memo | gen | 074101 |
| 07410103 | 刘家林 | 男 | 02/03/89 | 工商系 | 市场营销 | memo | gen | 074101 |
| 08420108 | 陈月茹 | 女 | 07/29/90 | 工商系 | 物流管理 | memo | gen | 084201 |
| 07320106 | 高明 | 女 | 01/25/90 | 财税系 | 建筑工程 | memo | gen | 073201 |
| 08310105 | 张开棋 | 女 | 09/02/90 | 财税系 | 金融 | memo | gen | 083105 |
| 08310108 | 王金玉 | 女 | 10/23/89 | 财税系 | 金融 | memo | gen | 083108 |
| 07210101 | 章炯 | 男 | 12/03/88 | 会计系 | 会计 | memo | gen | 072101 |
| 07210202 | 刘诗加 | 女 | 03/15/89 | 会计系 | 会计 | memo | gen | 072102 |
| 08220303 | 陈碧玉 | 女 | 12/25/89 | 会计系 | 财务管理 | memo | gen | 082203 |
| 08230204 | 朱茜 | 女 | 10/07/90 | 会计系 | 会计与审计 | memo | gen | 082302 |
| 08230401 | 王一博 | 男 | 10/17/90 | 会计系 | 会计与审计 | memo | gen | 082304 |

**图 2 - 1 - 10　逻辑删除的记录**

(3)执行"表"菜单中的"恢复记录"命令,或直接单击删除标记即可恢复记录。

**注意:**

若执行"表"菜单中的"彻底删除"命令,可将已逻辑删除的记录从表中彻底删除(不可恢复)。

9. 在 XS. DBF 的学号字段上建立候选索引(降序),在姓名字段上建立普通索引(升序);设置在学号上建立的索引为当前索引;删除在姓名字段上建立的索引

操作步骤如下。

(1)打开 XS. DBF 的表设计器,在其"字段"选项卡中选择学号字段,在"索引"下拉列表中选择"降序",切换到"索引"选项卡,从"类型"下拉列表中选择"候选索引";按照类似的方法,在姓名字段上建立升序的普通索引,如图 2 - 1 - 11 所示。

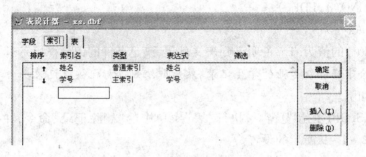

**图 2 - 1 - 11　通过表设计器建立索引**

(2)打开数据工作期窗口,选择 XS. DBF 为当前表,单击"属性"按钮,打开工作区属性对话框,在"索引顺序"下拉列表中选择"XS:学号"(如图 2 - 1 - 12 所示),单击"确定"按钮返回到数据工作期窗口。此时,该表名的前面有一个升序标记。

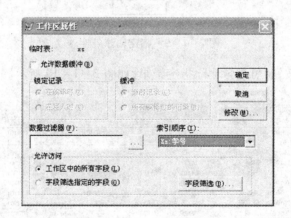

**图 2 - 1 - 12　设置当前索引**

(3)打开 XS. DBF 的表设计器,在"索引"选项卡中选中索引名为"姓名"的索引,如图 2 - 1 - 13 所示,单击"删除"按钮,再次确认即可删除该索引。

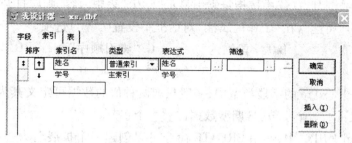

图 2 - 1 - 13 删除索引

## 五、课外练习

1. 单选题

（1）执行"显示"菜单中的"追加方式"命令，将在当前表（    ）。

A. 增加一条空记录　　　　　　　　　B. 末尾增加一条空记录

C. 进入追加状态　　　　　　　　　　D. 弹出追加对话框

（2）在 Visual FoxPro 6.0 中，关于空值（NULL）叙述正确的是（    ）。

A. 空值等同于空字符串　　　　　　　B. 空值表示字段或变量还没有确定值

C. Visual FoxPro 不支持空值　　　　　D. 空值等同于数值 0

（3）下列命令中，功能相同的是（    ）。

A. DELETE ALL 和 ZAP　　　　　　　B. DELETE ALL、PACK 和 ZAP

C. DELETE ALL、ZAP 和 PACK　　　　D. DELETE ALL 和 RECALL ALL

（4）数据表当前记录的"基本工资"字段值为 500，执行 REPLACE 基本工资 WITH 基本工资 * 1.2 命令后，当前记录的基本工资字段值为（    ）。

A. 1.2　　　　　　B. 500　　　　　　C. 600　　　　　　D. 语法错误

（5）在当前表中查找少数民族学生的记录，执行 LOCATE FOR 民族！＝'汉'命令，紧接着查找下一条少数民族学生的记录时用命令（    ）。

A. NEXT　　　　　B. LOOP　　　　　C. SKIP　　　　　D. CONTINUE

（6）在 Visual FoxPro 中，建立索引的作用之一是（    ）。

A. 节省存储空间　　　　　　　　　　B. 便于管理

C. 提高查询速度　　　　　　　　　　D. 提高查询和更新的速度

（7）在为表建立索引时，下面（    ）类型的字段不能作为索引排序字段。

A. 数值　　　　　　B. 通用　　　　　　C. 日期　　　　　　D. 字符

（8）不允许记录中出现重复索引值的索引是（    ）。

A. 主索引、候选索引、普通索引　　　B. 主索引、候选索引

C. 主索引、候选索引、唯一索引　　　D. 主索引

（9）不论索引是否生效，定位到相同记录上的命令是（    ）。

A. GO TOP　　　　B. GO BOTTOM　　　C. SKIP　　　　　D. GO 5

（10）若要在"浏览窗口"中按指定索引显示"学生"表中内容，则应打开"浏览"窗口，选择"表"菜单下的"属性"，在"工作区属性"对话框中设置（　　）选项。

　A."数据过滤"　　　　B."字段筛选"　　　　C."索引顺序"　　　　D."数据缓冲"

　2.填空题

（1）在 Visual FoxPro 的字段类型中，一般只取两种值的数据可定义其为_____型字段，系统默认该字段占____个字节；日期型数据占____个字节。

（2）在 Visual FoxPro 中，使用 CREATE 命令可以创建一个扩展名为_____ 的表文件；Visual FoxPro 表中的备注型字段及通用型字段所保存的数据信息存储在以_____为扩展名的文件中；通过"编辑"菜单中的_____命令为通用型字段插入图形。

（3）在 Visual FoxPro 中，用 LIST STRU 命令显示表中字段的总字节宽度为60，则用户实际可用字段的总宽度为`_____。

（4）利用 LOCATE 命令查找到相应记录时，则该记录成为_____记录，此时函数 EOF( )的值为_____。

（5）利用 DELETE 命令可以_____删除表中的记录，必要时还可以利用_____命令进行恢复。

（6）在 Visual FoxPro 中，按照复合索引文件的主文件名是否与表文件名相同，复合索引文件可以分为_____和_____两种。

（7）若表文件名为 xyz.dbf，则它的结构复合索引文件名为_____，当该表被打开时，它的结构复合索引文件会_____，若对表进行了增加记录操作，则结构复合索引文件_____。

（8）在没有打开索引的情况下，如果当前记录指针指向20号记录，执行 SKIP －4后，记录指针指向第____号记录。

（9）在 Visual FoxPro 中修改表结构的非 SQL 命令是_____。

　3.上机操作题

（1）在学生成绩管理.pjx 中创建自由表 JS.DBF（教师信息表），结构如图2－1－14，无记录。

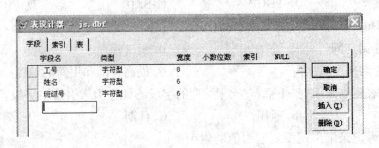

图2－1－14　JS.DBF 的结构

（2）关闭 JS.DBF；在数据工作期窗口中重新打开该表，添加字段职称（C/10）、修改姓名字段的宽度为8，保存表结构。

（3）在 JS.DBF 的工号字段上设置升序的候选索引。

# 实训 2.2　数据库基本操作

## 一、实训目标

通过本次实训,要求学生熟练掌握数据库的创建、打开、关闭、修改和删除操作;熟练掌握数据库表的创建及数据库表和自由表的相互转换;熟练掌握字段有效性和参照完整性的设置方法。

## 二、知识要点

在 Visual FoxPro 中,数据库是一个逻辑上的概念和手段,它把相互之间存在联系的表储存到数据库中统一管理。一个数据库就是一个实际的关系模型,数据库文件的扩展名为. DBC。

1. 数据库的创建

可在项目管理器中创建,也可通过新建对话框创建,还可使用如下命令建立:

CREATE DATABASE[数据库文件名 | ?]

**注意:**

①无论使用哪种方法创建数据库,都会打开该数据库并使其成为当前数据库;

②用命令交互方式创建数据库时,只打开数据库而不打开数据库设计器;

③数据库创建完成后会在磁盘上产生一个. DBC 文件,同时,还会出现相关的. DCT(数据库备注文件)和. DCX(数据库索引文件),具体使用时,这 3 个文件缺一不可。

2. 打开数据库

可通过打开对话框或项目管理器打开数据库,也可使用如下命令打开:

OPEN DATABASE <数据库文件名>

**注意:**

①打开数据库并不一定会打开数据库设计器,但是当数据库设计器打开时,数据库一定处于打开状态;

②通过项目管理器和命令方式打开数据库时,不打开其数据库设计器;

③Visual FoxPro 允许同时打开多个数据库,可通过常用工具栏的"数据库"下拉列表框查看,如图 2 - 2 - 1 所示。但当前数据库只能有一个,可在"数据库"下拉列表框中指定。

**图 2 - 2 - 1　打开了多个数据库的"数据库"下拉列表**

3. 关闭数据库

若数据库包含在某项目中,那么,只能在该项目对应的项目管理器中关闭它,其他情况均可在命令窗口中执行如下命令关闭数据库:

CLOSE ALL|DATABASE

**注意:**

①ALL 短语能关闭所有文件,DATABASE 短语只关闭当前数据库;

②关闭数据库后,其中的所有对象如表、视图、联系等均会自动关闭。

4. 修改数据库

在 Visual FoxPro 中,修改数据库其实就是打开数据库设计器。用户可以在数据库设计器中完成各种数据库对象的建立、修改和删除等操作。

可通过项目管理器打开数据库设计器,也可以在命令窗口执行如下命令打开:

MODIFY DATABASE［<数据库文件名>］

5. 删除数据库

可以在项目管理器中进行删除,也可以在命令窗口使用如下命令删除数据库:

DELETE DATABASE <数据库文件名>

**注意:**

①被删除的数据库必须处于关闭状态;

②被删除数据库中的表将变为自由表,故在删除数据库前,最好先将其中的表移出。

6. 数据库表的特点

在数据库打开的状态下或在项目管理器的数据库中创建的表均为数据库表。数据库表和自由表的创建方法相同,但两者相比,数据库表有以下主要特点。

(1)数据库表支持长字段名和长表名,最大为 128;而自由表的最大长度为 10。

(2)数据库表支持主关键字、参照完整性和表之间的联系。

(3)可为数据库表的字段指定默认值、输入掩码、标题和添加注释。

(4)在表选项卡中可为数据库表规定字段级规则和记录级规则,还可修改表名。

(5)数据库表支持 INSERT、UPDATE、DELETE 事件的触发器。

7. 数据库表和自由表的相互转换

(1)自由表转换为数据库表。将自由表添加到数据库中即可,可通过项目管理器添加,也可在数据库设计器窗口添加,还可在数据库打开时使用如下命令进行添加:

ADD TABLE <表名>

(2)数据库表转换为自由表。从数据库中移出表即可,此操作可以通过项目管理器进行,也可在数据库设计器窗口进行,还可在数据库打开时使用如下命令进行:

REMOVE TABLE <表名>

**注意:**数据库表转换为自由表后,其中的主索引将变为候选索引,表名或字段名超过 10 个字符的部分将被截去。

8. 数据完整性

指保证数据正确的特性,一般包括实体完整性、域完整性和参照完整性。

（1）实体完整性。实体完整性保证表中记录的唯一性，即在一个表中不允许出现重复记录。在 Visual FoxPro 中用主关键字或候选关键字来实现实体完整性。

（2）域完整性。字段的数据类型和宽度的定义就属于域完整性的范畴，还可以用域约束规则即字段有效性规则对其进行进一步限定。只能对数据库表设置字段有效性规则，对自由表不能设置。

可以在数据库表设计器的"字段"选项卡中设置字段有效性规则。字段有效性设置包括"规则"（字段有效性规则）、"信息"（违背有效性规则的提示信息）和"默认值"（字段的默认值）3 项。

**注意**："规则"是逻辑表达式，"信息"是字符串，"默认值"的类型由该字段的数据类型确定。

（3）参照完整性。参照完整性是指当插入、删除或修改一个表中的数据时，通过参照引用相关联的另一个表中的数据，来检查对该表的数据操作是否正确。

**注意**：要设置参照完整性，必须要将相关联的表添加到同一个数据库中，并在其中建立相关表间的关系即永久联系，然后清理数据库，最后设置参照完整性规则。

参照完整性的规则包括更新规则、删除规则和插入规则 3 种。

①更新规则规定了当更新父表中的连接字段（主关键字）时，如何处理相关子表中的记录。

②删除规则规定了当（逻辑）删除父表中的记录时，如何处理子表的相关记录。

③插入规则规定了当在子表中插入记录或更新记录时，是否进行参照完整性检查。

### 三、实训环境

每名学生配备一台已安装了 Windows XP 或以上版本及 Visual FoxPro 6.0 的计算机，并已完成本书前面章节的全部实训。

### 四、实训内容

1. 通过新建对话框创建"图书管理. DBC"，使用命令创建"学籍管理. DBC"，进行打开/关闭、修改数据库操作，最后删除"图书管理. DBC"

操作步骤如下。

（1）执行"文件"菜单中的"新建"命令，新建一个名为图书管理的数据库，如图 2 - 2 - 2 所示。单击"保存"按钮，即可创建该数据库并打开数据库设计器。

（2）在命令窗口中执行命令"CREATE DATABASE 学籍管理"，即可在当前文件夹中创建"学籍管理. DBC"。

（3）将图书管理. DBC 设置为当前数据库，然后在命令窗口中执行命令"CLOSE DATABASE"即可关闭该数据库，按照同样的方法关闭学籍管理. DBC；在命令窗口中执行"OPEN DATABASE 图书管理"命令可打开该数据库，再执行"MODIFY DATABASE"命令可打开该数据库设计器。学籍管理. DBC 及其数据库设计器的打开方法与之类似。

（4）要删除"图书管理. DBC"，首先将其关闭，然后在命令窗口执行"DELETE DATA-

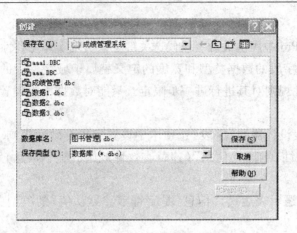

**图 2 - 2 - 2　创建数据库对话框**

BASE 图书管理"命令,在打开的图 2 - 2 - 3 所示的提示对话框中单击"是"按钮确认删除。

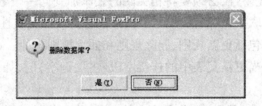

**图 2 - 2 - 3　是否删除数据库对话框**

2. 在学生成绩管理. pjx 中创建、打开/关闭、修改"成绩管理. DBC";将"学籍管理. DBC"添加到该项目中,并进行删除

操作步骤如下。

(1)打开学生成绩管理. pjx,在其项目管理器中创建一个名为成绩管理的数据库,打开图 2 - 2 - 4 所示的数据库设计器,同时,在"常用"工具栏的"数据库"列表框中能看到刚创建的数据库。

(2)展开"数据"选项卡中的数据库项,关闭该数据库,此时,原"关闭"按钮显示为"打开";在项目管理器中选中该数据库,单击"打开"按钮即可打开它,此时原"打开"按钮显示为"关闭",单击"修改"按钮即可打开该数据库的设计器。

(3)将数据库学籍管理添加到该项目管理器中,并选中,单击"移去"按钮,弹出图 2 - 2 - 5 所示的对话框,单击"删除"按钮即可删除该数据库。

3. 通过新建对话框在"成绩管理. DBC"中创建"CJ. DBF",表结构和内容如实训 1. 3 中的表 1 - 3 - 5 和表 1 - 3 - 6 所示;通过命令方式创建"成绩. DBF",结构和 CJ. DBF 相同,无记录

操作步骤如下。

(1)打开"成绩管理. DBC",执行"文件"菜单中的"新建"命令创建一个名为"CJ. DBF"的表。在打开的表设计器中定义表结构,然后输入表中数据。

(2)打开"成绩管理. DBC",在命令窗口执行命令:CREATE 成绩,打开该表的表设计

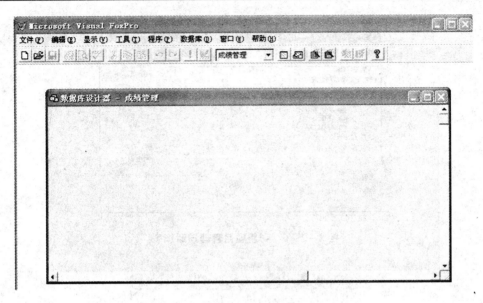

图 2 - 2 - 4　数据库设计器

图 2 - 2 - 5　删除数据库对话框

器,在其中定义表结构即可。

4. 将 XS. DBF、KC. DBF 添加到成绩管理. DBC 中;从该数据库中删除成绩. DBF

操作步骤如下。

(1)打开学生成绩管理. pjx,在其项目管理器中的"数据"选项卡中展开至数据库,选中
"表",如图 2 - 2 - 6 所示。单击"添加"按钮,在打开的对话框中选择 XS. DBF,将该表添加
到成绩管理. DBC 中。

(2)在数据库设计器中添加 KC. DBF。打开成绩管理. DBC 的数据库设计器,在其空白
处右击,在弹出的快捷菜单中选择"添加表"命令,在打开的"打开"对话框中选中 KC. DBF,
单击"确定"按钮,即可将该表添加到该数据库中。

(3)删除成绩. DBF。在数据库设计器窗口右击要删除的成绩表,执行快捷菜单中的
"删除"命令,在弹出的对话框中单击"删除"按钮,则将该表从磁盘上删除,如图 2 - 2 - 7 所
示。

5. 在 XS. DBF 的学号字段上设置主索引来保证实体完整性

具体操作:打开 XS. DBF 的表设计器,在"索引"选项卡的"类型"列将之前在学号字段
上建立的候选索引更改为主索引,如图 2 - 2 - 8 所示,单击"确定"按钮即可。

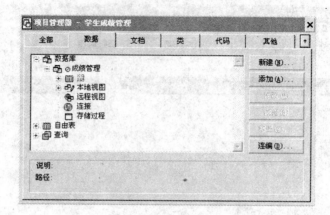

图 2 - 2 - 6　利用项目管理器添加表

图 2 - 2 - 7　从数据库中移去/删除表

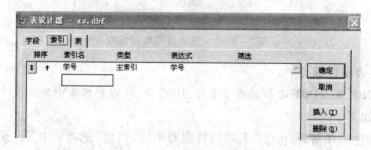

图 2 - 2 - 8　实体完整性设置

6. 在 CJ. DBF 中,为成绩字段设置有效性:成绩在 0～100 之间,出错信息为"输入错误,成绩应该在 0～100 之间!",默认值为 0

操作步骤如下。

(1)打开 CJ. DBF 的表设计器,在"字段"选项卡中将成绩字段设置为当前字段。

(2)在"字段有效性"组框中的"规则"文本框中输入逻辑表达式:成绩 > =0 and 成绩 < =100。在"信息"框中输入字符串:"输入错误,成绩应该在 0～100 之间!"。在"默认值"框中输入:0。设置后的窗口如图 2 - 2 - 9 所示。

(3)单击"确定"按钮完成设置。

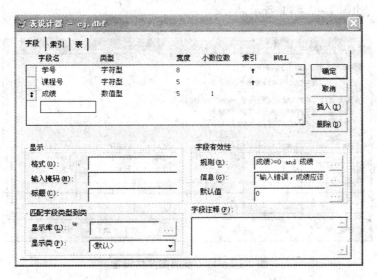

图 2 - 2 - 9　成绩字段的有效性设置

**7. 参照完整性设置**

设置 XS. DBF 和 CJ. DBF 之间的更新规则为"级联"、删除规则为"限制";设置 KC. DBF
和 CJ. DBF 之间的更新规则为"限制"、插入规则为"限制"。

操作步骤如下。

(1)打开成绩管理. DBC,分别在 XS. DBF 和 KC. DBF 中的学号、课程号字段上建立主
索引;在 CJ. DBF 中的学号、课程号字段上分别建立普通索引。

(2)通过学号字段建立 XS. DBF 和 CJ. DBF 之间的永久联系;通过课程号字段建立
KC. DBF 和 CJ. DBF 之间的永久关系,结果如图 2 - 2 - 10 所示。

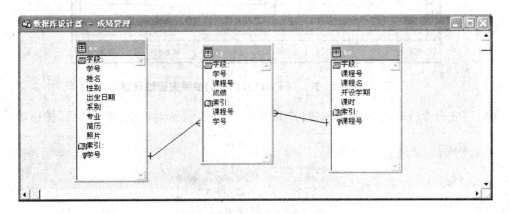

图 2 - 2 - 10　建立表间的永久关系

(3)执行"数据库"菜单中的"清理数据库"命令。注意,在清理数据库前必须先关闭相
关表。

(4)执行"数据库"菜单中的"编辑参照完整性"命令,在打开的"参照完整性生成器"对
话框中选中 XS 和 CJ 这对联系,在"更新规则"选项卡中选择"级联",在"删除规则"选项卡

中选择"限制",如图 2-2-11 所示。

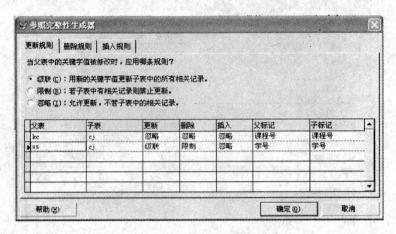

图 2-2-11  参照完整性设置

（5）按照类似的方法,在参照完整性生成器对话框中选择 KC 和 CJ 这对联系,在"更新规则"选项卡中选择"限制",在"插入规则"选项卡中选择"限制",如图 2-2-12 所示。

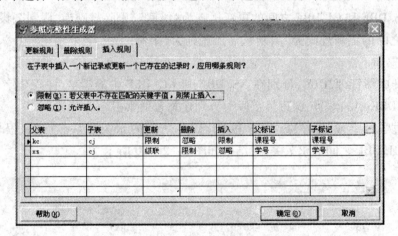

图 2-2-12  KC. DBF 和 CJ. DBF 的参照完整性设置

（6）完成设置后单击"确定"按钮,打开图 2-2-13 所示对话框,单击"是"按钮确认即可。

图 2-2-13  保存已设置的参照完整性

## 五、课外练习

1. 单选题

(1)"主键"不允许取重复值,是指(　　　)。

A. 实体完整性约束规则　　　　　　　　B. 引用完整性约束规则

C. 数据完整性约束规则　　　　　　　　D. 用户自定义完整性约束规则

(2)要控制两表中数据的一致性,可以设置参照完整性,这时要求两个表(　　　)。

A. 是同一个数据库中的两个表　　　　　B. 是不同数据库中的两个表

C. 一个是数据库表,另一个是自由表　　D. 是两个自由表

(3)如果指定参照完整性的删除规则为"级联",则当删除父表记录时,(　　　)。

A. 系统自动备份父表中的被删除记录到另一个新表中

B. 若子表中有相关记录,则禁止删除父表中的记录

C. 会自动逻辑删除子表中所有相关记录

D. 不作参照完整性检查,删除父表记录与子表无关

(4)在 Visual FoxPro 中设置参照完整性:当更改父表中的非关键字段值时,系统自动更新相关子表中的对应值,应在"更新规则"选项卡中选择(　　　)。

A. 忽略　　　　　　B. 限制　　　　　　C. 级联　　　　　　D. 忽略和限制

(5)在 Visual FoxPro 中,下列关于表的叙述正确的是(　　　)。

A. 在数据库表和自由表中,都能给字段定义有效性规则和默认值

B. 在数据库表和自由表中,都不能给字段定义有效性规则和默认值

C. 在自由表中,能给字段定义有效性规则和默认值

D. 在数据库表中,能给字段定义有效性规则和默认值

2. 填空题

(1)在 Visual FoxPro 中,使用＿＿＿＿＿＿＿＿＿＿命令能够创建一个扩展名为＿＿＿＿＿的数据库文件。

(2)在 Visual FoxPro 中,以共享方式打开数据库/表文件的短语是＿＿＿＿＿＿;以独占方式打开数据库/表文件的短语是＿＿＿＿＿＿。

(3)在同一个数据库表中,可以有＿＿＿个主索引,＿＿＿＿个候选索引,＿＿＿＿个唯一索引和＿＿＿＿个普通索引。

(4)在定义字段有效性规则时,在规则框中输入的表达式类型是＿＿＿＿＿＿＿。

(5)数据完整性包括＿＿＿＿＿完整性、＿＿＿＿＿完整性和＿＿＿＿＿完整性。

(6)在表间建立永久关系时,子表中的索引类型决定永久关系的类型。若要建立两表的一对多联系,可首先将两表添加到同一个数据库中,然后在父表中建立＿＿＿＿索引,在子表中的对应字段上建立＿＿＿＿＿索引;如果子表中建立的是主索引或候选索引,则它们之间的关系是＿＿＿＿＿＿(一对一/一对多/多对多)关系。

(7)自由表与数据库表相比较,数据库表的字段名长度不超过＿＿＿个字符,自由表的字段名长度不超过＿＿＿＿＿个字符;在自由表中不能设置＿＿＿＿＿＿＿索引;将数据库表变为自由

表的命令是_____ TABLE。

（8）在 Visual FoxPro 中对数据库表进行操作时,将年龄字段值限制在 18~45 岁的这种约束属于_____ 完整性约束。

3. 上机操作题

（1）在学生成绩管理. pjx 中创建教学管理. DBC,关闭/打开该数据库。

（2）在教学管理. DBC 中创建 JSSK. DBF( 教师授课表),表结构为:工号 C(8),课程名 C(30),课时 N(2)。

（3）将自由表 JS. DBF( 教师信息表)添加到教学管理. DBC 中,并设置工号字段为主关键字。

（4）打开成绩管理. DBC,为 XS. DBF 在性别字段上设置有效性,要求:性别只能为男或女,出错信息为"性别输入错误! 性别必须是男或女。",默认值为"女"。

（5）在教学管理. DBC 中,JS. DBF 和 JSSK. DBF 通过工号字段建立永久联系,并设置两表间的更新规则为"级联"、删除规则为"限制"。

# 实训 2.3　多工作区及表间关联

## 一、实训目标

通过本次实训,要求学生理解工作区的概念;掌握当前工作区的选择;掌握多个表的同时使用;掌握表间关联的建立方法。

## 二、知识要点

### 1. 工作区的概念

工作区是指内存中的一个临时区域,前面讲述的对表的操作都是在一个工作区进行的。但在实际应用中,常常需要同时打开多个表,并对其中的数据进行操作。为了解决这一问题,Visual FoxPro 引入了工作区的概念。

Visual FoxPro 最多能同时提供 32767 个工作区,系统默认当前工作区号为 1。

工作区的标识方法有 3 种:一是工作区号,二是工作区名( 前 10 个用 A~J 标识),三是在工作区中打开的表的名字。

### 2. 选择工作区

在同一时刻,Visual FoxPro 允许同时打开多个表,但一个工作区只能打开一个表;只有一个工作区是当前工作区,所以当前表也只有一个。

使用 SELECT 命令选择工作区。命令格式如下:

    SELECT <工作区号>/<工作区别名>

**注意:**

①该命令的功能是选择一个工作区作为当前工作区;

②工作区号最小为 1,当执行命令 SELECT 0 时,表示选用编号最小的空闲工作区为当

前的工作区。

③在数据工作期窗口设置当前工作区。在数据工作期窗口中分别打开 3 个表,它们会在 3 个不同的工作区中打开,如图 2 - 3 - 1 所示。当前的工作区是 XS. DBF 所在的 3 号工作区。如果要改变当前工作区,只需要单击"别名"列表框中的表即可。

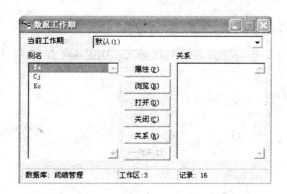

图 2 - 3 - 1　在数据工作期窗口中指定当前工作区

**3. 多个表的同时使用**

多个表的同时使用包括多个表的同时打开、选择不同工作区的表、浏览打开的任意表等。可利用表名或表的别名来引用另一个表中的数据,具体方法是在别名后加上点号分隔符"."或" - >"操作符,然后再接字段名。

可以在命令窗口使用 SELECT 和 USE 等命令完成多个表的同时使用,也可以在数据工作期中同时使用多个表。

**4. 建立表之间的关联**

所谓表之间的关联就是在表之间建立临时关系,也就是在当前工作区中打开的表与另一个工作区中打开的表之间进行逻辑连接,而不生成新表。

当两表之间建立关联后,可以控制不同工作区表中记录指针的联动。即当父表中的记录指针移动时,被关联工作区的子表记录指针随之相应移动,以此实现对多个表的同时操作。

可以使用数据工作期在两个表之间建立关联,也可以使用 SET RELATION 命令在两表间建立关联,命令格式如下:

　　　　SET RELATION TO ＜索引表达式＞ INTO ＜工作区别名＞

**注意:**

①两个表之间建立关联时,必须有一个表为关联表即父表,被关联的表称之为子表,通常使用＜索引表达式＞指定建立临时联系的索引关键字,一般是子表的普通索引;将子表的索引设置为当前索引,并且在父表所在工作区建立关联。

②表之间的关联通常有一对一关联和一对多关联两种。

③关闭已建立关联的两表中任一个即可取消表间关联,也可以使用 SET RELATION TO 命令取消临时关联。

### 三、实训环境

每名学生配备一台已安装了 Windows XP 或以上版本及 Visual FoxPro 6.0 的计算机,并已完成本实训所需文件的创建。

### 四、实训内容

1. 在1号工作区和2号工作区内分别打开 XS.DBF 和 CJ.DBF,并指定1号工作区为当前工作区

具体操作:在命令窗口依次执行以下命令:

SELECT 1

USE XS

SELECT 2

USE CJ

SELECT 1　　　　　　&& 此命令还可以是 SELECT A 或 SELECT XS

2. 使用数据工作期在1号工作区和2号工作区内分别打开 KC.DBF 和 CJ.DBF,并选择2号工作区为当前工作区

操作步骤如下。

(1)执行"窗口"菜单中的"数据工作期"命令,打开数据工作期窗口。

(2)单击其中的"打开"按钮,在弹出的"打开"对话框中选择 KC.DBF,将其以独占方式打开,结果如图2-3-2所示。可以看到,该表是成绩管理.DBC 中的表,且已在1号工作区中打开。

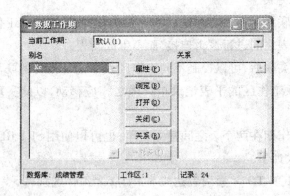

图2-3-2　打开一个表的数据工作期窗口

(3)按照同样的方法打开 CJ.DBF。此时,CJ.DBF 在2号工作区中打开,但当前工作区仍为1号工作区,如图2-3-3所示。

(4)在"别名"列表框中选择 CJ.DBF。此时的当前工作区变为 CJ.DBF 所在的2号工作区,如图2-3-4所示。

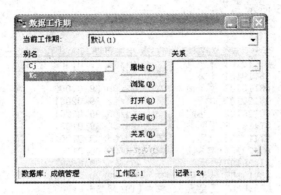

图 2 - 3 - 3　打开两个表的数据工作期窗口

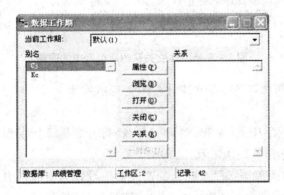

图 2 - 3 - 4　在数据工作期窗口改变当前表

3. 使用数据工作期浏览 CJ. DBF 的内容

具体操作：在打开的数据工作期窗口中选择 CJ，单击其中"浏览"按钮，即可打开 CJ. DBF 的浏览窗口。

4. 使用数据工作期关闭 KC. DBF

具体操作：在数据工作期窗口的"别名"列表框中选择 KC，单击"关闭"按钮即可关闭 KC. DBF。

5. 使用 SET RELATION 命令建立 XS. DBF 和 CJ. DBF 之间的临时关联

具体操作：在命令窗口依次执行如下命令：

```
SELECT 1
USE XS
SELECT 2
USE CJ                    && 该表在学号字段已建立索引
SET ORDER TO TAG 学号
SELECT A
SET RELATION TO 学号 INTO B
LIST 学号,姓名,性别,出生日期,B - >课程号,CJ - >成绩
```

结果如图 2 - 3 - 5 所示。

| 记录号 | 学号 | 姓名 | 性别 | 出生日期 | B->课程号 | Cj->成绩 |
|---|---|---|---|---|---|---|
| 1 | 07110101 | 张一凡 | 女 | 01/14/89 | 01002 | 89.0 |
| 2 | 08110101 | 李林 | 男 | 02/23/90 | 01001 | 74.0 |
| 3 | 08110202 | 夏子怡 | 女 | 12/06/89 | 01002 | 65.0 |
| 4 | 08120103 | 林涛 | 男 | 11/28/89 | 02001 | 74.0 |
| 5 | 08130102 | 郑小娟 | 女 | 04/03/90 | 02001 | 58.0 |
| 6 | 07410102 | 王丽雯 | 女 | 08/30/89 | 01001 | 45.0 |
| 7 | 07410103 | 刘家林 | 男 | 02/03/89 | 01001 | 53.0 |
| 8 | 08420108 | 陈月茹 | 女 | 07/29/90 | 01001 | 80.0 |
| 9 | 07320106 | 高明 | 女 | 01/25/90 | 06001 | 78.0 |
| 10 | 08310105 | 张开琪 | 女 | 09/02/90 | 01002 | 62.0 |
| 11 | 08310108 | 王金玉 | 女 | 10/23/89 | 01003 | 85.0 |
| 12 | 07210101 | 章炳 | 男 | 12/03/88 | 01001 | 55.0 |
| 13 | 07210202 | 刘诗加 | 女 | 03/15/89 | 03001 | 94.0 |
| 14 | 08220303 | 陈碧玉 | 女 | 12/25/89 | 01001 | 96.0 |
| 15 | 08230204 | 朱茵 | 女 | 10/07/90 | 01002 | 90.0 |
| 16 | 08230401 | 王一博 | 男 | 10/17/90 | 01002 | 81.0 |

**图 2 - 3 - 5　建立关联的两个表中的数据**

6. 通过数据工作期建立 KC. DBF 和 CJ. DBF 之间的关联

操作步骤如下。

(1) 执行"窗口"菜单中的"数据工作期"命令,打开数据工作期窗口。

(2) 在其中分别打开 KC. DBF 和 CJ. DBF。

(3) 将 CJ. DBF 在课程号字段上建立的普通索引设置为当前索引。

(4) 在"别名"框中选择父表 KC,单击"关系"按钮,再选择子表 CJ,在弹出的"表达式生成器"对话框中输入关联关键字表达式:课程号,如图 2 - 3 - 6 所示。

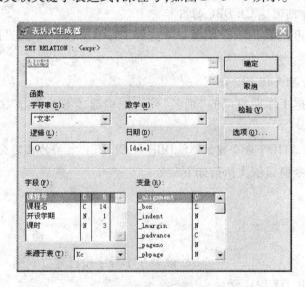

**图 2 - 3 - 6　在"表达式生成器"中设置关联字段**

(5) 单击"确定"按钮即可建立 KC. DBF 和 CJ. DBF 之间的关联,如图 2 - 3 - 7 所示。

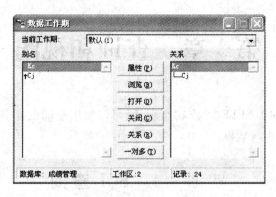

图 2 - 3 - 7　使用数据工作期在两表间建立关联

## 五、课外练习

1. 单选题

(1) 执行下列一组命令之后,选择"职工"表所在工作区的错误命令是(　　　)。

　　CLOSE ALL

　　USE 仓库 IN 0

　　USE 职工 IN 0

A. SELECT 职工　　　　B. SELECT 2　　　　　C. SELECT 0　　　　　D. SELECT B

(2) 1 个工作区中可以打开的表文件数为(　　)。

A. 1　　　　　　　　B. 2　　　　　　　　C. 10　　　　　　　　D. 32767

(3) Visual FoxPro 6.0 提供了最多(　　　)个工作区。

A. 10　　　　　　　B. 20　　　　　　　C. 100　　　　　　　D. 32767

2. 填空题

(1) Visual FoxPro 中的工作区可用 3 种方法表示:_____、_____和_____ 。

(2) 在 Visual FoxPro 中,选择一个编号最小的空闲工作区的命令是_____;引用非当前工作区中表的字段的格式是_____。

(3) 当前工作区是 1 区,执行下列命令之后,当前工作区是____号工作区。

　　CLOSE ALL

　　USE STUDENT IN 1

　　USE COURSE IN 2 ORDER 课程号

3. 上机操作题

(1) 在 1 号工作区和 2 号工作区内分别打开 JS. DBF 和 JSSK. DBF,并选择 1 号工作区为当前工作区。

(2) 使用数据工作期关闭 JSSK. DBF。

(3) 建立 JS. DBF 和 JSSK. DBF 之间的临时关系。

# 第 3 章　查询和视图

查询既可以通过 SQL SELECT 语句实现,又可以使用查询设计器来完成;使用视图不仅可以查询数据,还可以更新数据。

## 实训 3.1　SQL 查询

### 一、实训目标

掌握 SQL SELECT 命令的基本格式;会使用 SQL SELECT 命令实现各种查询。

### 二、知识要点

1. SQL 简介

SQL(Structured Query Language)全称为结构化查询语言,是一种通用性很强的、功能完备的关系数据库语言。按其功能主要分为数据定义语言(DDL)、数据操纵语言(DML)和数据控制语言(DCL)等类别。

SQL 是一种一体化的语言,它具有数据查询、数据定义、数据操纵和数据控制功能(如表 3 – 1 – 1 所示),数据查询是其核心功能。SQL 还是一种高度非过程化语言,其语法简单、简洁,可直接以命令交互方式使用,也可以在程序方式中使用。

表 3 – 1 – 1　SQL 功能及命令

| SQL 功能 | 命令动词 |
| --- | --- |
| 数据查询 | SELECT |
| 数据操纵 | INSERT、UPDATE、DELETE |
| 数据定义 | CREATE、DROP、ALTER |
| 数据控制 | GRANT、REVOKE |

Visual FoxPro 6.0 支持 SQL 的数据查询、定义和操纵功能,不支持数据控制功能。

2. SELECT 语句

数据操纵语言(DML)包含从表中获取数据和决定查询结果如何显示的命令,SELECT 命令是该分类中的核心命令,其作用是让数据库系统根据用户的要求查询其所需要的信息,并且按用户规定的格式进行显示。

常用语法格式如下(用方括号括起来的内容均为可选项):

　　SELECT ＜字段名表＞ | 表达式 [AS　别名];

FROM　＜表名 1＞［INNER JOIN　＜表名 2＞　ON　＜联接条件＞］；

［WHERE　＜条件＞］；

［GROUP BY　＜分组表达式＞［HAVING　＜分组条件＞］］；

［ORDER BY　＜字段名 1＞［ASC/DESC］［,＜字段名 2＞［ASC/DESC］…］］

（1）SELECT…FROM 句式。SELECT 子句指定在查询结果中显示的字段名,FROM 子句用于指定要查询的表或视图以及它们之间的联接关系。这是 SQL SELECT 命令的基本组成,是必选项。

在 SELECT 子句中若要列出多个字段名,则各字段名之间用逗号隔开;如果字段名是"＊",则从特定的表中提取全部字段;如果字段名是表达式,可用 AS 指定别名即虚字段名;若要去掉查询结果中的重复值,可使用 DISTINCT 短语。

FROM 子句用来指定要查询的字段出自哪个表,可以是一个表也可以是多个表,若是多个表,其间用逗号隔开。

INNER JOIN … ON …用来指定表之间的联接字段关系。INNER JOIN 短语用于指定所要使用的第二个表,ON 短语用来指定联接条件。

（2）WHERE 短语的作用是从表中筛选出符合条件的记录。其中的＜条件＞是关系表达式或逻辑表达式,作用范围是整个表。

（3）GROUP BY 短语的作用是进行分组。其中的＜分组表达式＞表示称为分组字段,HAVING 短语的作用是限定分组,只筛选出满足 HAVING 条件的分组。

（4）ORDER BY 短语是对查询结果进行排序。其中的＜字段名 1＞、＜字段名 2＞…是排序字段。若为多重排序,则＜字段名 1＞是第一关键字,＜字段名 2＞是第二关键字,依次类推。ASC 表示升序(默认),DESC 表示降序。

**3. 量词和谓词**

（1）ANY、SOME、ALL 是量词。其中,SOME 和 ANY 是同义词,在进行比较运算时,只要子查询中有一行使结果为真,则结果就为真;ALL 则要求子查询中的所有行都使结果为真。

在具体使用时," ＞ ANY"和" ＞ SOME"等价于" ＞ MIN( )";" ＞ ALL"等价于" ＞ MAX ( )"。

（2）EXISTS 是谓词。EXISTS 和 NOT EXISTS 用来检查子查询中是否有结果返回。

**4. 两个特殊的运算符**

（1）BETWEEN…AND…。表示在……和……之间,包含临界值。

（2）LIKE 是字符串匹配运算符,用来对两个字符数据是否匹配进行判断,常用于模糊查询。该运算符允许使用通配符"％"和"_"(下划线),其中"％"表示任意字符,"_"表示一个字符。

**5. 查询重定向**

（1）INTO TABLE:把查询结果存入永久表。

（2）INTO CURSOR:把查询结果存入临时表。

（3）INTO ARRAY:把查询结果存入数组。

（4）TO FILE:把查询结果存入文本文件。

### 三、实训环境

每名学生配备一台已安装了 Windows XP 或以上版本及 Visual FoxPro 6.0 的计算机,并已完成本实训所需表的创建。

### 四、实训内容

1. 基于单表的简单查询

(1)查询第 1 学期开设的课程信息。

分析:课程相关信息在 KC. DBF 中,本查询只与 KC. DBF 有关。相应的 SQL 命令是:

SELECT ＊ FROM　KC WHERE 开设学期 ＝1

命令执行结果如图 3－1－1 所示。

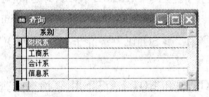

图 3－1－1　查询结果 1

(2)检索学校有哪些系?

分析:系别字段在 XS. DBF 中,本查询只与该表有关。相应的 SQL 命令是:

SELECT DISTINCT 系别 FROM XS

命令执行结果如图 3－1－2 所示。

图 3－1－2　查询结果 2

(3)查找信息系男生的姓名、性别和专业。

分析:姓名、性别、专业 3 个字段在 XS. DBF 中,故相应的 SQL 命令是:

　　SELECT 姓名,性别,专业 FROM XS WHERE 系别 ＝"信息系" AND 性别 ＝"男"

命令执行结果如图 3－1－3 所示。

图 3－1－3　查询结果 3

**2. 基于多个表的连接查询**

(1)查询李林的所有课程成绩,查询结果包含姓名、课程号、成绩。

分析:姓名字段在 XS.DBF 中,课程号、成绩字段在 CJ.DBF 中,应使用连接查询。相应的 SQL 命令是:

　　　SELECT 姓名,课程号,成绩 FROM XS,CJ。

　　　WHERE XS.学号 = CJ.学号 AND 姓名 = "李林"

命令执行结果如图 3 - 1 - 4 所示。

**图 3 - 1 - 4　查询结果 4**

(2)查询学生的英语课程成绩,查询结果包括姓名、课程名及成绩,并按成绩降序排序。

分析:姓名字段在 XS.DBF 中,课程名字段在 KC.DBF 中,成绩字段在 CJ.DBF 中,该查询是基于 3 个表的连接查询。相应的 SQL 命令是:

　　　SELECT 姓名,课程名,成绩 FROM XS,CJ,KC。

　　　WHERE XS.学号 = CJ.学号 AND CJ.课程号 = KC.课程号 AND 课程名 = "英语";

　　　ORDER BY 成绩 DESC

命令执行结果如图 3 - 1 - 5 所示。

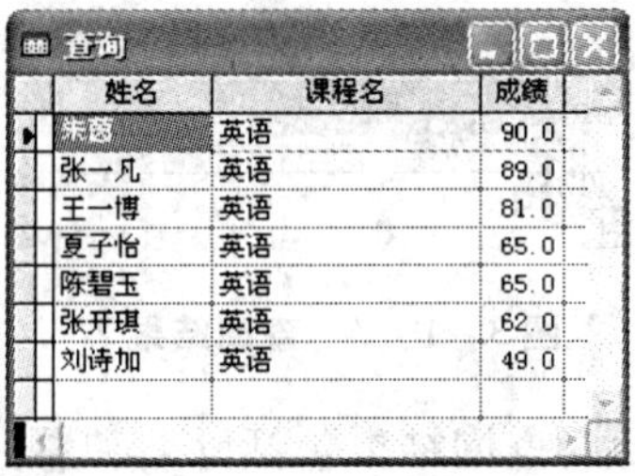

| 姓名 | 课程名 | 成绩 |
|---|---|---|
| 朱密 | 英语 | 90.0 |
| 张一凡 | 英语 | 89.0 |
| 王一博 | 英语 | 81.0 |
| 夏子怡 | 英语 | 65.0 |
| 陈碧玉 | 英语 | 65.0 |
| 张开琪 | 英语 | 62.0 |
| 刘诗加 | 英语 | 49.0 |

**图 3 - 1 - 5　查询结果 5**

(3)查询所有学生的考试成绩,查询结果包括班级号、姓名、课程名和成绩 4 个字段,要求先按班级号的降序排列,同一班级按课程名升序排列。

分析:姓名、班级号字段在 XS.DBF 中,课程名在 KC.DBF 中,成绩字段在 CJ.DBF 中,该查询是一个多表的连接查询。相应的 SQL 命令是:

　　　SELECT 班级号,姓名,课程名,成绩 FROM XS,CJ,KC;

　　　WHERE XS.学号 = CJ.学号 AND CJ.课程号 = KC.课程号 ;

　　　ORDER BY 班级号 DESC,课程名

命令执行结果如图 3 - 1 - 6 所示。

图 3 - 1 - 6　　查询结果 6

**3. 计算查询与分组查询**

(1)统计男女生的人数。

分析:此查询只和 XS. DBF 有关,可对该表中的记录按性别字段分组,并使用计数函数 COUNT( )。相应的 SQL 命令是:

　　　　SELECT 性别,COUNT( * )AS 人数 FROM XS GROUP BY 性别

命令执行结果如图 3 - 1 - 7 所示。

图 3 - 1 - 7　　查询结果 7

(2)查看学生郑小娟的总成绩,查询结果包括姓名和总分。

分析:姓名字段在 XS. DBF 中,成绩字段在 CJ. DBF 中,该查询是基于两个表的连接查询,同时使用 SUM( )函数对成绩字段进行求和运算。相应的 SQL 命令是:

　　　　SELECT 姓名,SUM( 成绩)AS 总分 FROM XS,CJ。

　　　　WHERE XS. 学号 = CJ. 学号 AND 姓名 ="郑小娟"

命令执行结果如图 3 - 1 - 8 所示。

图 3 - 1 - 8　　查询结果 8

(3)查询会计基础课程的最高分、最低分和平均成绩。

　　分析:课程名字段在 KC. DBF 中,成绩字段在 CJ. DBF 中,该查询是基于两个表的连接查询,同时,使用 MAX( )、MIN( )和 AVG( )函数对成绩字段进行求最高分、最低分和平均成绩运算,并给这 3 个计算列起别名。相应的 SQL 命令是:

　　　　SELECT 课程名,MAX(成绩)最高分,MIN(成绩)最低分,AVG(成绩)平均成绩。

　　　　FROM CJ,KC WHERE CJ. 课程号 = KC. 课程号 AND 课程名 =″会计基础″

命令执行结果如图 3 - 1 - 9 所示。

**图 3 - 1 - 9　查询结果 9**

　　(4)查询不及格人数多于两人的课程(包括两人)。

　　分析:课程名字段在 KC. DBF 中,成绩字段在 CJ. DBF 中,该查询是一个基于两个表的连接查询,并使用 HAVING 短语对分组进行筛选,同时要按课程名分组,在每一组中统计不及格人数,统计人数用 COUNT( )函数。相应的 SQL 命令是:

　　　　SELECT 课程名,COUNT( ∗ )不及格人数 FROM KC,CJ ;

　　　　WHERE KC. 课程号 = CJ. 课程号 AND 成绩 <60 ;

　　　　GROUP BY　 课程名 HAVING 不及格人数 > =2

命令执行结果如图 3 - 1 - 10 所示。

**图 3 - 1 - 10　查询结果 10**

　　**注意:**SELECT 命令中的 WHERE 短语和 HAVING 短语可以同时使用,WHERE 对记录进行筛选,而 HAVING 是对分组进行筛选。

　　4. 嵌套查询

　　(1)查询和刘诗加在同一个专业的学生的姓名和专业。

　　分析:姓名、专业字段在 XS. DBF 中,本查询只和 XS. DBF 相关,涉及的条件还是和 XS. DBF 相关,这是一个基于单表的嵌套查询。先在 XS. DBF 中检索出刘诗加的专业,之后在该表检索出和刘诗加专业相同的学生姓名和专业。相应的 SQL 命令是:

　　　　SELECT 姓名,专业 FROM XS WHERE 专业 IN;

　　　　(SELECT 专业 FROM XS　 WHERE 姓名 =″刘诗加″)

　　这里的 IN 相当于集合运算符 ∈ 。

　　命令执行结果如图 3 - 1 - 11 所示。

　　(2)查找各科考试成绩全部及格的学生信息,列出他们的学号和姓名。

　　分析:要查询的学号、姓名字段在 XS. DBF 中,涉及的条件却和 CJ. DBF 相关,因此,这

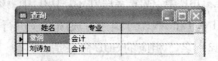

图 3 - 1 - 11　查询结果 11

是一个基于两个表的嵌套查询。相应的 SQL 命令是：

　　　　SELECT 学号,姓名 FROM XS WHERE 学号 NOT IN ；

　　　　（SELECT 学号 FROM CJ WHERE 成绩 <60）

命令执行结果如图 3 - 1 - 12 所示。

图 3 - 1 - 12　查询结果 12

5. 使用量词和谓词的查询

（1）查询至少有一门课的考试成绩不及格的学生的学号和姓名。

分析：该查询是一个嵌套查询,外查询与 XS. DBF 有关,内查询与 CJ. DBF 相关。相应的 SQL 命令如下：

　　　　SELECT 学号,姓名 FROM XS WHERE 学号 IN ；

　　　　（SELECT 学号 FROM CJ WHERE 成绩 <60）

等价的使用谓词的 SQL 命令如下：

　　　　SELECT　学号,姓名 FROM XS WHERE EXISTS ；

　　　　（SELECT * FROM CJ WHERE 成绩 <60 AND 学号 = XS. 学号）

命令执行结果如图 3 - 1 - 13 所示。

图 3 - 1 - 13　查询结果 13

（2）查询所有课程的考试成绩均及格的学生的学号和姓名。

分析：先查出不及格的记录,然后将这些记录排除即可。相应的 SQL 命令如下：

　　　　SELECT　学号,姓名 FROM XS WHERE NOT EXISTS ；

(SELECT * FROM CJ WHERE 成绩 <60 AND 学号 = XS. 学号)

命令执行结果如图 3 - 1 - 14 所示。

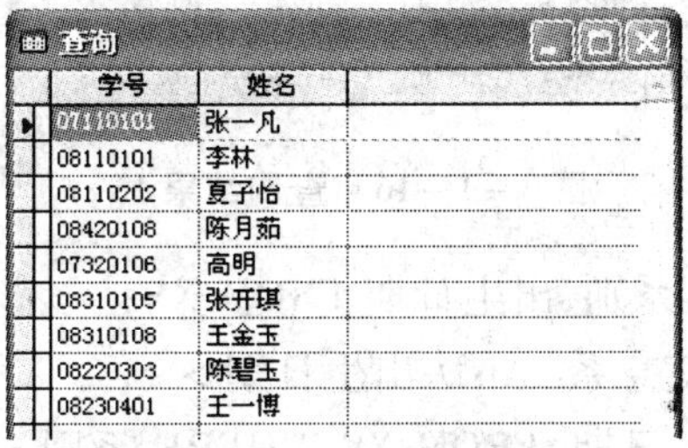

| 学号 | 姓名 |
|---|---|
| 07110101 | 张一凡 |
| 08110101 | 李林 |
| 08110202 | 夏子怡 |
| 08420108 | 陈月茹 |
| 07320106 | 高明 |
| 08310105 | 张开琪 |
| 08310108 | 王金玉 |
| 08220303 | 陈碧玉 |
| 08230401 | 王一博 |

**图 3 - 1 - 14　查询结果 14**

(3)查询出生日期大于会计系的任何一名学生出生日期的学号、姓名、系别和出生日期。

分析:这个查询可以使用量词 ANY 或 SOME。相应的 SQL 命令是:

```
SELECT 学号,姓名,系别,出生日期 FROM XS ;
WHERE 系别 < >"会计系" AND 出生日期 > ANY;
(SELECT 出生日期 FROM XS WHERE 系别 ="会计系")
```

命令执行结果如图 3 - 1 - 15 所示。

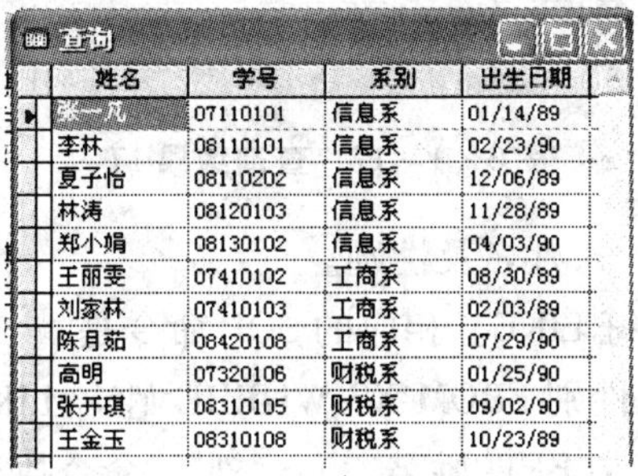

| 姓名 | 学号 | 系别 | 出生日期 |
|---|---|---|---|
| 张一凡 | 07110101 | 信息系 | 01/14/89 |
| 李林 | 08110101 | 信息系 | 02/23/90 |
| 夏子怡 | 08110202 | 信息系 | 12/06/89 |
| 林涛 | 08120103 | 信息系 | 11/28/89 |
| 郑小娟 | 08130102 | 信息系 | 04/03/90 |
| 王丽雯 | 07410102 | 工商系 | 08/30/89 |
| 刘家林 | 07410103 | 工商系 | 02/03/89 |
| 陈月茹 | 08420108 | 工商系 | 07/29/90 |
| 高明 | 07320106 | 财税系 | 01/25/90 |
| 张开琪 | 08310105 | 财税系 | 09/02/90 |
| 王金玉 | 08310108 | 财税系 | 10/23/89 |

**图 3 - 1 - 15　查询结果 15**

此例还可以用如下命令完成:

```
SELECT 学号,姓名,系别,出生日期 FROM XS;
WHERE 系别 < >"会计系" AND 出生日期 > ;
(SELECT MIN(出生日期)FROM XS WHERE 系别 ="会计系")
```

(4)查询出生日期大于信息系所有学生的学号、姓名、系别和出生日期。

分析:此例也可使用量词 ALL。相应的 SQL 命令是:

```
SELECT 学号,姓名,系别,出生日期 FROM XS;
WHERE 系别 < >"信息系" AND 出生日期 > ALL;
(SELECT 出生日期　FROM XS WHERE 系别 ="信息系")
```

命令执行结果如图 3 - 1 - 16 所示。

还可以用如下命令完成:

图 3 - 1 - 16　查询结果 16

SELECT 学号,姓名,系别,出生日期 FROM XS;

WHERE 系别 < >"信息系" AND 出生日期 > ;

(SELECT MAX(出生日期)FROM XS WHERE 系别 ="信息系")

6. 运算符 BETWEEN…AND…和 LIKE 的使用

(1)查询课时在 80 ~ 90 之间的课程。

分析:该查询可用 BETWEEN …AND…运算符实现。相应的 SQL 命令是:

SELECT * FROM KC WHERE 课时 BETWEEN 80 AND 90

其中的查询条件等价于:课时 > =80 AND 课时 < =90。命令执行结果如图 3 - 1 - 17 所示。

图 3 - 1 - 17　查询结果 17

(2)查询姓刘的学生的学号、姓名及性别。

分析:此查询可使用运算符 LIKE。相应的 SQL 命令是:

SELECT 学号,姓名,性别 FROM XS WHERE 姓名 LIKE "刘%"

此例中的查询条件等价于:LEFT(姓名,2) ="刘"。命令执行结果如图 3 - 1 - 18 所示。

图 3 - 1 - 18　查询结果 18

思考:查询姓名中含"林"的学生的学号、姓名和系别的 SQL 命令。

7. 关于空值的查询

(1)查询尚未确定课时的课程信息。

分析:此例是关于空值的查询,相应的 SQL 命令是:

SELECT * FROM KC WHERE 课时 IS NULL

要完成此查询,可先在 KC. DBF 中追加一条记录,开设学期和课时字段值均为 NULL, 如("02005","多媒体技术",NULL,NULL)。

**注意：**

首先修改表结构，使表中的字段可取空值，然后，在表的浏览或编辑窗口同时按【Ctrl】键和数字键【0】才能输入 NULL 值。

命令执行结果如图 3－1－19 所示。

| 课程号 | 课程名 | 开设学期 | 课时 |
|---|---|---|---|
| 02005 | 多媒体技术 | .NULL. | .NULL. |

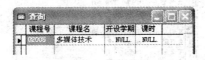

图 3－1－19　查询结果 19

(2)查询已确定课时的课程信息。

分析：查询条件可用 IS NOT NULL。相应的 SQL 命令是：

```
SELECT * FROM KC WHERE 课时 IS NOT NULL
```

命令执行结果如图 3－1－20 所示。

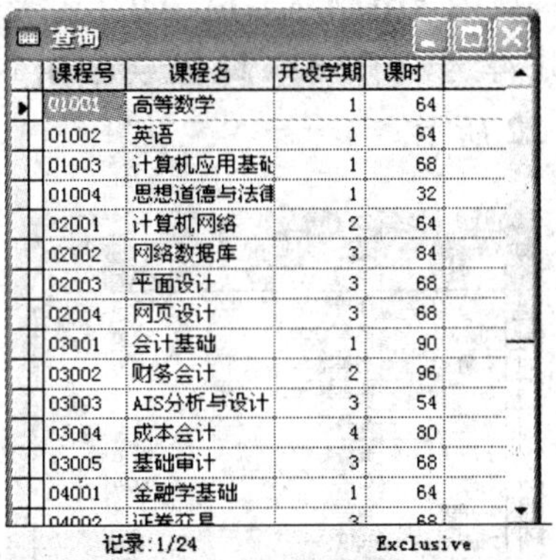

| 课程号 | 课程名 | 开设学期 | 课时 |
|---|---|---|---|
| 01001 | 高等数学 | 1 | 64 |
| 01002 | 英语 | 1 | 64 |
| 01003 | 计算机应用基础 | 1 | 68 |
| 01004 | 思想道德与法律 | 1 | 32 |
| 02001 | 计算机网络 | 2 | 64 |
| 02002 | 网络数据库 | 3 | 84 |
| 02003 | 平面设计 | 3 | 68 |
| 02004 | 网页设计 | 3 | 68 |
| 03001 | 会计基础 | 1 | 90 |
| 03002 | 财务会计 | 2 | 96 |
| 03003 | AIS分析与设计 | 3 | 54 |
| 03004 | 成本会计 | 4 | 80 |
| 03005 | 基础审计 | 3 | 68 |
| 04001 | 金融学基础 | 1 | 64 |
| 04002 | 证券交易 | 3 | 68 |

记录:1/24　Exclusive

图 3－1－20　查询结果 20

8. 超连接查询

(1)查询学生的姓名和所在的班级名。

分析：班级名字段在 BJ. DBF 中，姓名字段在 XS. DBF 中，此查询在 XS. DBF 和 BJ. DBF 之间进行内部连接。相应的 SQL 命令如下：

```
SELECT 姓名,班级名 FROM BJ INNER JOIN XS ON BJ.班级号 = XS.班级号
```

此命令等价于如下命令：

```
SELECT 姓名,班级名 FROM BJ,XS WHERE BJ.班级号 = XS.班级号
```

命令执行结果如图 3－1－21 所示。

(2)查询所有学生的课程成绩，查询结果包括姓名、课程名和成绩 3 个字段。

分析：姓名字段在 XS. DBF 中，课程名字段在 KC. DBF 中，成绩字段在 CJ. DBF 中，这是一个基于 3 个表的内部连接查询，相应的 SQL 命令如下：

```
SELECT 姓名,课程名,成绩 FROM XS INNER JOIN CJ INNER JOIN KC ;
ON KC.课程号 = CJ.课程号 ON XS.学号 = CJ.学号
```

| 姓名 | 班级名 |
|---|---|
| 张一凡 | 07会计电算化一班 |
| 李林 | 08会计电算化一班 |
| 夏子怡 | 08会计电算化二班 |
| 林涛 | 08信息管理一班 |
| 郑小娟 | 08电子商务一班 |
| 王丽雯 | 07市场营销一班 |
| 刘家林 | 07市场营销一班 |
| 陈月茹 | 08物流管理一班 |
| 高明 | 07建筑工程一班 |
| 张开琪 | 08金融一班 |
| 王金玉 | 08金融一班 |
| 章炯 | 07会计一班 |
| 刘诗加 | 07会计二班 |
| 陈碧玉 | 08财务管理三班 |
| 朱茵 | 08会审二班 |
| 王一博 | 08会审四班 |

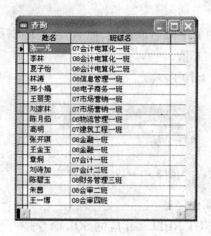

图 3-1-21 查询结果 21

此命令等价于如下命令：

```
SELECT 姓名,课程名,成绩 FROM XS,KC,CJ ;
WHERE XS.学号 = CJ.学号 AND KC.课程号 = CJ.课程号
```

命令执行结果如图 3-1-22 所示。

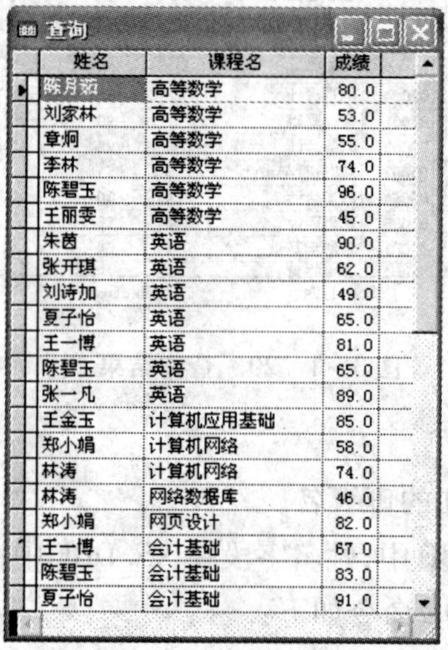

| 姓名 | 课程名 | 成绩 |
|---|---|---|
| 陈月茹 | 高等数学 | 80.0 |
| 刘家林 | 高等数学 | 53.0 |
| 章炯 | 高等数学 | 55.0 |
| 李林 | 高等数学 | 74.0 |
| 陈碧玉 | 高等数学 | 96.0 |
| 王丽雯 | 高等数学 | 45.0 |
| 朱茵 | 英语 | 90.0 |
| 张开琪 | 英语 | 62.0 |
| 刘诗加 | 英语 | 49.0 |
| 夏子怡 | 英语 | 65.0 |
| 王一博 | 英语 | 81.0 |
| 陈碧玉 | 英语 | 65.0 |
| 张一凡 | 英语 | 89.0 |
| 王金玉 | 计算机应用基础 | 85.0 |
| 郑小娟 | 计算机网络 | 58.0 |
| 林涛 | 计算机网络 | 74.0 |
| 林涛 | 网络数据库 | 46.0 |
| 郑小娟 | 网页设计 | 82.0 |
| 王一博 | 会计基础 | 67.0 |
| 陈碧玉 | 会计基础 | 83.0 |
| 夏子怡 | 会计基础 | 91.0 |

图 3-1-22 查询结果 22

**特别注意**：在使用 JOIN 连接格式进行多个表的连接查询时，JOIN 的顺序（表的顺序）和 ON 的顺序（相应的联接条件）正好相反。

9. SQL SELECT 的几个特殊选项

（1）只显示前几条记录。例如查询会计基础成绩位于前三名的学生的学号、姓名、课程名和成绩。

分析：使用 TOP N 可显示查询结果部分内容，此外，必须用 ORDER BY 短语对成绩字段进行降序排序。相应的 SQL 命令如下：

SELECT TOP 3 XS. 学号,姓名,课程名,成绩 FROM XS,CJ,KC；

WHERE XS. 学号 = CJ. 学号 AND CJ. 课程号 = KC. 课程号 ；

AND 课程名 = "会计基础" ORDER BY 成绩 DESC

命令执行结果如图 3 - 1 - 23 所示。

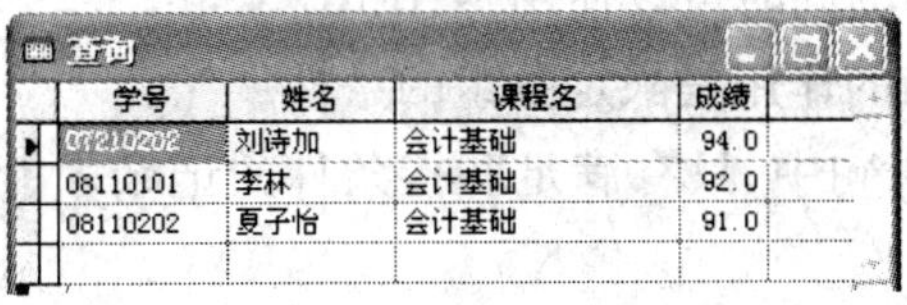

**图 3 - 1 - 23　查询结果**

(2)将查询结果存入数组。如查询第 4 学期开设的课程信息,并存入数组 SZ。

分析:此查询要使用 INTO ARRAY 短语。相应的 SQL 命令是:

SELECT ＊ FROM KC WHERE 开设学期 = 4 INTO ARRAY SZ

命令执行结果:会建立数组变量 SZ(2,4),数组元素 SZ(1,1)的值对应第 1 行第 1 列的值,SZ(1,2)的值对应第 1 行第 2 列的值,依次类推。

(3)将查询结果存入临时文件。如将第 4 学期开设的课程信息存入临时文件 LSB。

分析:此查询要使用 INTO CURSOR 短语。相应的 SQL 命令是:

SELECT ＊ FROM KC WHERE 开设学期 = 4 INTO CURSOR LSB

命令执行结果:产生一个临时文件 LSB。

(4)将查询结果存入永久表。如将第 4 学期开设的课程信息存入 TABLE1. DBF。

分析:此查询要使用 INTO TABLE 短语。相应的 SQL 命令是:

SELECT ＊ FROM KC WHERE 开设学期 = 4 INTO TABLE TABLE1

命令执行结果:产生一个永久表文件 TABLE1. DBF。

**注意:**利用该命令可进行表文件的复制。例如执行命令"SELECT ＊ FROM KC INTO DBF KC1"将产生 KC1. DBF,其内容与结构和 KC. DBF 完全相同。

(5)将查询结果存入文本文件。例如将第 4 学期开设的课程信息存入 WB. TXT。

分析:此查询要使用 TO FILE 短语。相应的 SQL 命令是:

SELECT ＊ FROM KC WHERE 开设学期 = 4 TO FILE WB

命令执行结果:建立 WB. TXT,同时,查询结果在主窗口显示。

## 五、课外练习

1. 单选题

(1)SQL SELECT 语句的功能是(　　　)。

A. 定义　　　　　　　　B. 查询　　　　　　　　C. 修改　　　　　　　　D. 控制

(2)SELECT 语句中,用于排序的子句是(　　　)。

A. ORDER BY　　　　　B. FROM　　　　　　　C. GROUP BY　　　　　D. INTO

(3)SELECT 语句中用于分组的短语是(　　　)。

A. ORDER BY　　　　　B. MODIFY　　　　　　C. GROUP BY　　　　D. SUM

(4)在 SQL 中,下列有关 HAVING 子句的描述错误的是(　　)。

A. HAVING 子句必须与 GROUP BY 子句同时使用,不能单独使用

B. 使用 HAVING 子句的同时不能使用 WHERE 子句

C. 使用 HAVING 子句的同时可以使用 WHERE 子句

D. 使用 HAVING 子句的作用是限定分组的条件

(5)在 SQL SELECT 语句中,只有满足联接条件的记录才能包含在查询结果中的选项是(　　)。

A. LEFT JOIN　　　　B. RIGHT JOIN　　　C. INNER JOIN　　　D. FULL JOIN

(6)SELECT 语句中,表达式"工资 BETWEEN 1220 AND 1250"的含义是(　　)。

A. 工资 > 1220 AND 工资 < 1250　　　B. 工资 > 1220 OR 工资 < 1250

C. 工资 > = 1220 AND 工资 < = 1250　　D. 工资 > = 1220 OR 工资 < = 1250

2. 填空题

(1)在 SELECT 语句中,为了将查询结果存储到文本文件中应该使用＿＿＿＿＿＿短语;将查询结果存储到永久表中应该使用＿＿＿＿＿＿＿短语;将查询结果存储到临时表应使用＿＿＿＿＿＿短语。

(2)在 SELECT 语句中,使用＿＿＿＿＿＿子句实现消除查询结果中的重复记录。

(3)在 SELECT 语句中,测试列值是否为非空值用＿＿＿＿＿＿＿＿＿运算符号;字符串匹配运算符是＿＿＿＿＿＿。

(4)SQL SELECT 命令中的短语＿＿＿＿＿＿＿实现对分组的筛选;要对查询结果的记录个数进行统计应使用＿＿＿＿＿＿函数。

(5)在 SQL 查询的 SELECT 短语中若使用 TOP,则必须配合＿＿＿＿＿＿短语。

3. 上机操作题

在 Visual FoxPro 命令窗口中完成下列任务的 SELECT 命令。

(1)查询所有学生的详细信息。

(2)查询年龄在 18～19 岁的学生的姓名、性别和所在系部。

(3)列出高等数学成绩及格的学生姓名。

(4)查找出会计基础课程大于 80 分的学生的姓名及其高等数学成绩。

(5)查询各系的学生人数,列标题为"系名"和"人数"。

(6)查询姓"张"的学生的详细信息。

(7)查询各系学生的总分,结果按总分降序排列。

(8)将(7)的查询结果分别保存到总分. DBF 和总分. TXT 文件中。

# 实训 3.2 SQL 的数据操纵和数据定义功能

## 一、实训目标

熟练掌握 SQL 数据操纵功能的相关命令(INSERT、UPDATE、DELETE)的使用;掌握 SQL 定义功能的相关命令(CREATE|ALTER|DROP TABLE)的使用。

## 二、知识要点

1. SQL 的操纵功能

(1)插入数据命令(INSERT)。

格式:INSERT INTO <表名>[(<字段名1>,<字段名2>…)];
　　　VALUES(<字段值1>[,<字段值2>…])

**注意:**若插入完整记录,则不需要列出各字段名,否则,必须指定字段名及对应的字段值。

(2)更新数据命令(UPDATE)。

与 Visual FoxPro 的 REPLACE 命令的功能相同,可自动成批修改表中的数据。

格式:UPDATE <表名>;
　　　SET <字段名1> = <表达式1>[,<字段名2> = <表达式2>…] [WHERE <条件>]

**注意:**若不使用 WHERE <条件>,表示更新全部记录。

(3)删除数据命令(DELETE)。

与 Visual FoxPro 的 DELETE 命令功能相同,对符合条件的记录进行逻辑删除。

格式:DELETE FROM <表名>[WHERE <条件>]

**注意:**若不使用 WHERE <条件>,表示逻辑删除全部记录。

2. SQL 的定义功能

(1)定义表结构(CREATE TABLE)。

格式:CREATE TABLE | DBF <表名>[FREE];
　　　(<字段名1> <类型>[(<宽度[,<小数>])];
　　　[CHECK <表达式> ERROR [<字符串>][DEFAULT <默认值>]];
　　　[PRIMARY KEY|UNIQUE] [,<字段名2>…])

其中,对每个字段需要定义字段名、数据类型、宽度及小数位数;CHECK 短语定义字段的有效性规则,出错提示信息用 ERROR 短语定义,DEFAULT 短语定义字段的默认值;PRIMARY KEY|UNIQUE 定义字段为主索引或候选索引;若选用 FREE 短语,表明要定义的是自由表,此时的域完整性和主索引均不可用。

(2)修改表结构(ALTER TABLE)。

格式1:ALTER TABLE <表名> ADD|ALTER <字段名> <类型>[(<宽度>[,<

小数 > ])];

　　［CHECK ＜表达式＞［ERROR ＜字符串＞］［DEFAULT ＜表达式＞]];

　　［PRIMARY KEY|UNIQUE]

该命令可以在指定表中增加字段,也可修改字段的数据类型和宽度。若增加字段使用 ADD,若修改字段使用 ALTER。

　　格式2:ALTER TABLE ＜表名＞［DROP ＜字段名＞];

　　　　［RENAME ＜旧字段名＞ TO ＜新字段名＞］［DROP PRIMARY KEY]

该命令能修改字段名、删除字段,还可以删除已定义的主索引。修改字段名使用 RE-NAME…TO…,若删除字段使用 DROP。

　　格式3:ALTER TABLE ＜表名＞ ALTER ＜字段名＞［SET DEFAULT];

　　　　［SET CHECK ＜表达式＞ ［ERROR ＜字符串＞]];

　　　　［DROP DEFAULT］［DROP CHECK]

该命令用于定义、修改和删除字段有效性规则和默认值。定义、修改字段有效性规则和默认值使用 SET 短语,删除字段有效性规则和默认值时使用 DROP 短语。

　　(3)删除表 DROP TABLE

　　格式:DROP TABLE ＜表名＞

注意:若要删除数据库表,则应将该表所在的数据库打开,然后再使用该命令。

## 三、实训环境

每名学生配备一台已安装了 Windows XP 或以上版本及 Visual FoxPro 6.0 的计算机,并已完成本实训所需文件的创建。

## 四、实训内容

1. 插入数据

(1)在 KC. DBF 中插入一条记录,该记录的各字段值分别为:″08001″,″JAVA 程序设计″,3,68。

分析:在表中要插入全部字段值,命令中的字段名可省略。相应的 SQL 命令如下:

INSERT INTO KC VALUES(″08001″,″JAVA 程序设计″,3,68)

命令执行结果如图3－2－1所示。

(2)在 KC. DBF 中插入一条记录,课程名和课时字段的值分别为″软件工程″和68。

分析:在表中要插入部分字段值,则命令中的字段名不能省略且必须和相关的字段值对应。相应的 SQL 命令如下:

　　INSERT INTO KC(课程名,课时)VALUES(″软件工程″,68)

命令执行结果如图3－2－2所示。

2. 更新数据

(1)给课程号为“01001”的课程的课时增加5。

分析:因为只更新指定记录,故应使用 WHERE 子句。相应的 SQL 命令为:

| 课程号 | 课程名 | 开设学期 | 课时 |
|---|---|---|---|
| 01001 | 高等数学 | 1 | 64 |
| 01002 | 英语 | 1 | 64 |
| 01003 | 计算机应用基础 | 1 | 68 |
| 01004 | 思想道德与法律 | 1 | 32 |
| 02001 | 计算机网络 | 2 | 64 |
| 02002 | 网络数据库 | 3 | 84 |
| 02003 | 平面设计 | 3 | 68 |
| 02004 | 网页设计 | 3 | 68 |
| 03001 | 会计基础 | 1 | 90 |
| 03002 | 财务会计 | 2 | 96 |
| 03003 | AIS分析与设计 | 3 | 54 |
| 03004 | 成本会计 | 4 | 80 |
| 03005 | 基础审计 | 3 | 68 |
| 04001 | 金融学基础 | 1 | 64 |
| 04002 | 证券交易 | 3 | 68 |
| 05001 | 市场营销 | 2 | 64 |
| 05002 | 电子商务基础 | 1 | 60 |
| 05003 | 网上支付 | 2 | 68 |
| 05004 | 物流管理概论 | 1 | 60 |
| 05005 | 运输管理 | 3 | 68 |
| 06001 | 工程制图 | 1 | 60 |
| 06002 | AutoCAD | 2 | 64 |
| 06003 | 工程概预算 | 3 | 84 |
| 06004 | 工程项目管理 | 4 | 64 |
| 08001 | JAVA程序设计 | 3 | 68 |

**图3-2-1 插入记录的全部字段内容**

| 课程号 | 课程名 | 开设学期 | 课时 |
|---|---|---|---|
| 01001 | 高等数学 | 1 | 64 |
| 01002 | 英语 | 1 | 64 |
| 01003 | 计算机应用基础 | 1 | 68 |
| 01004 | 思想道德与法律 | 1 | 32 |
| 02001 | 计算机网络 | 2 | 64 |
| 02002 | 网络数据库 | 3 | 84 |
| 02003 | 平面设计 | 3 | 68 |
| 02004 | 网页设计 | 3 | 68 |
| 03001 | 会计基础 | 1 | 90 |
| 03002 | 财务会计 | 2 | 96 |
| 03003 | AIS分析与设计 | 3 | 54 |
| 03004 | 成本会计 | 4 | 80 |
| 03005 | 基础审计 | 3 | 68 |
| 04001 | 金融学基础 | 1 | 64 |
| 04002 | 证券交易 | 3 | 68 |
| 05001 | 市场营销 | 2 | 64 |
| 05002 | 电子商务基础 | 1 | 60 |
| 05003 | 网上支付 | 2 | 68 |
| 05004 | 物流管理概论 | 1 | 60 |
| 05005 | 运输管理 | 3 | 68 |
| 06001 | 工程制图 | 1 | 60 |
| 06002 | AutoCAD | 2 | 64 |
| 06003 | 工程概预算 | 3 | 84 |
| 06004 | 工程项目管理 | 4 | 64 |
| 08001 | JAVA程序设计 | 3 | 68 |
|  | 软件工程 |  | 68 |

**图3-2-2 插入记录的部分字段内容**

UPDATE KC SET 课时 = 课时 + 5 WHERE 课程号 = "01001"

命令执行前后该表记录变化如图3-2-3所示。

**图3-2-3 更新表中的部分记录**

(a)更新前;(b)更新后

(2)给KC.DBF的所有课程的课时增加10。

分析:因为要更新全部课程的课时,故省略WHERE子句。相应的SQL命令为:

UPDATE KC SET 课时 = 课时 + 10

命令执行前后该表记录变化如图3-2-4所示。

**3. 删除数据**

(1)逻辑删除KC.DBF中"软件工程"和"JAVA程序设计"两门课程记录。

因为只删除部分记录,故应使用WHERE子句。相应的SQL命令为:

图 3 - 2 - 4　更新表中的全部记录

(a)更新前;(b)更新后

DELETE FROM KC WHERE 课程名 ="JAVA 程序设计" OR 课程名 ="软件工程"
命令执行前后该表记录变化如图 3 - 2 - 5 所示。

图 3 - 2 - 5　逻辑删除表中的部分记录

(a)逻辑删除前;(b)逻辑删除后

(2)逻辑删除 KC. DBF 中的全部记录。

分析:因为要删除全部记录,故省略 WHERE 子句。相应的 SQL 命令为:

　　DELETE FROM KC

命令执行前后该表记录变化如图 3-2-6 所示。

图 3-2-6 逻辑删除表中的全部记录

(a)逻辑删除前;(b)逻辑删除后

这里,若再执行 RECALL ALL 命令,即可恢复删除,即取消删除标记。

4. 定义表结构

使用 CREATE TABLE 命令建立 KC1. DBF,其结构与 KC. DBF 相同,并在课程号字段上建立主索引,在课时字段上设置字段有效性,要求课时在 30 到 120 之间,如果不符合该条件时出现提示信息"课时应在 30 ~ 120 之间",默认值为 64。

分析:因为要在表上设置建立主索引和字段有效性,故必须首先打开数据库。

相应的命令如下:

OPEN DATABASE 成绩管理

CREATE TABLE KC1(课程号 C(5)PRIMARY KEY,课程名 C(14) , ;

开设学期 N(1,0),课时 N(3,0)CHECK 课时 > =30 AND 课时 < =120 ;

ERROR "课时应在 30 - 120 之间" DEFAULT 64)

命令执行后,在成绩管理. DBC 中出现 KC1. DBF,其结构如图 3-2-7 所示。

5. 修改表结构

(1)在表中增加字段。在 KC1. DBF 中增加字段:课程类别 C(4)。

分析:增加字段使用 ADD 短语,相应的 SQL 命令如下:

ALTER TABLE KC1 ADD 课程类别 C(4)

命令执行后,该表的结构如图 3-2-8 所示。

(2)修改字段宽度。将 KC1. DBF 中的课程名字段的宽度改为 20,并将其设置为候选索引。

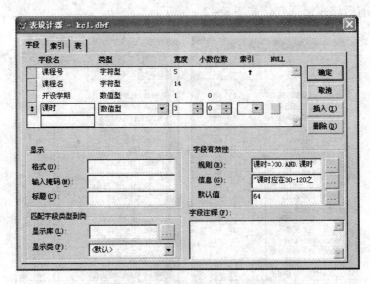

图 3 - 2 - 7　　KC1. DBF 的表结构

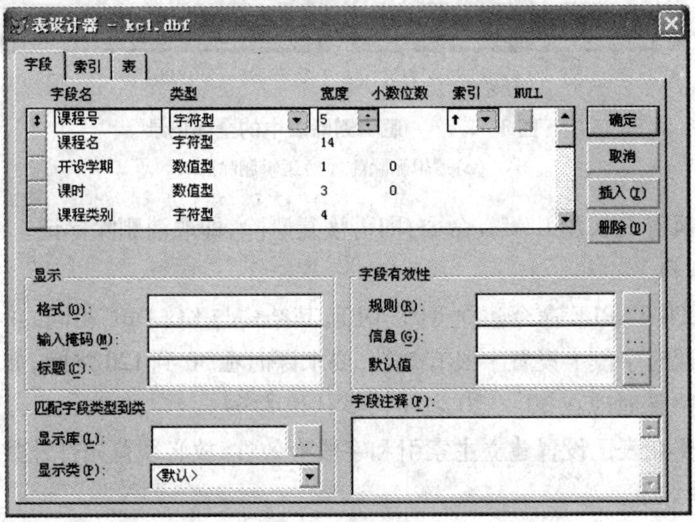

图 3 - 2 - 8　　增加字段

分析:修改字段类型和宽度使用 ALTER 短语,相应的 SQL 命令如下:

　　ALTER TABLE KC1 ALTER 课程名 C(20)UNIQUE

命令执行后,该表的结构如图 3 - 2 - 9 所示。

(3)修改字段名。将 KC1. DBF 中课程类别字段的名字改为课程类型。

分析:修改字段名使用 RENAME 短语,相应的 SQL 命令如下:

　　ALTER TABLE KC1 RENAME 课程类别 TO 课程类型

命令执行后,该表的结构如图 3 - 2 - 10 所示。

(4)删除字段。将 KC1. DBF 中的课程类型字段删除。

分析:删除字段使用 DROP 短语,相应的 SQL 命令如下:

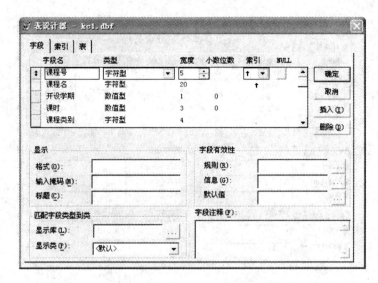

图 3 - 2 - 9　修改字段宽度

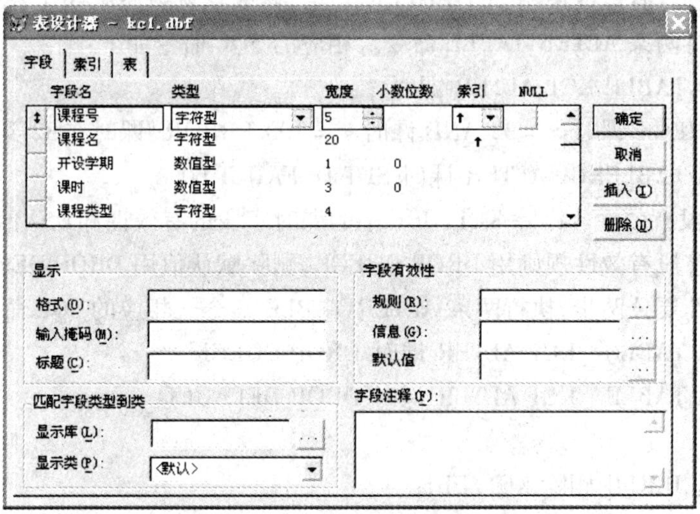

图 3 - 2 - 10　修改字段名

　　ALTER TABLEKC1 DROP 课程类型

　　命令执行后,该表的结构如图 3 - 2 - 11 所示。

　　(5)删除主索引或候选索引。删除 KC1. DBF 中在课程号字段上建立的主索引和在课程名字段上建立的候选索引。

　　分析:删除主索引使用 DROP PRIMARY KEY 短语,删除候选索引使用 DROP UNIQUE TAG ＜索引名＞短语,相应的 SQL 命令如下:

　　　　ALTER TABLE KC1 DROP PRIMARY KEY DROP UNIQUE TAG 课程名

　　(6)修改字段有效性。将 KC1. DBF 的课时字段有效性修改为:课时在 32 到 108 之间,默认值为60。

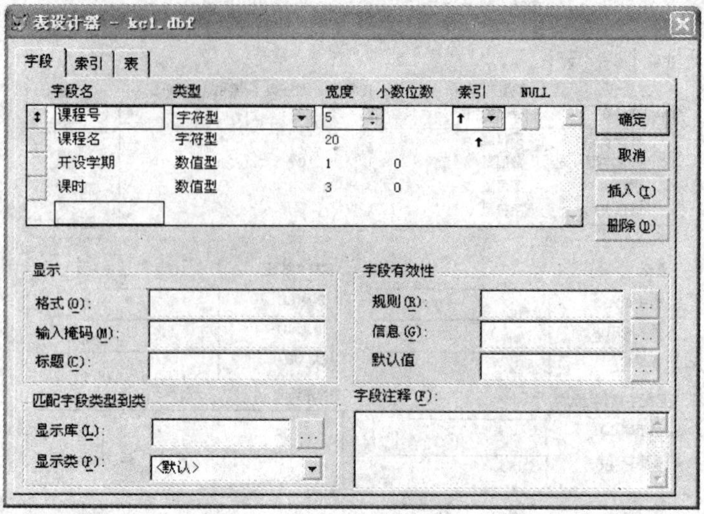

图 3 - 2 - 11    删除字段

分析:修改字段有效性使用 SET CHECK 短语,修改默认值使用 SET DEFAULT 短语,要分两步操作,执行两条 ALTER TABLE 命令。相应的 SQL 命令如下:

ALTER TABLE KC1 ALTER 课时 ;

SET CHECK 课时 > = 32 AND 课时 < = 108 ERROR ″课时在 32 到 108 之间″

ALTER TABLEKC1 ALTER 课时 SET DEFAULT 60

(7)删除字段有效性。删除 KC1. DBF 中的课时字段的有效性和默认值。

分析:删除字段有效性规则用 DROP CHECK,删除默认值用 DROP DEFAULT。

**注意:**此操作要分两步,执行两条 ALTER TABLE 命令。相应的 SQL 命令如下:

ALTER TABLE    KC1 ALTER 课时 DROP CHECK

ALTER TABLE    KC1 ALTER 课时 DROP DEFAULT

6. 删除表

从成绩管理. DBC 中删除 KC1. DBF。

分析:删除数据库表时首先要打开数据库,再删除表,相应的 SQL 命令如下:

OPEN DATABASE 成绩管理

DROP TABLE    KC1

## 五、课外练习

1. 单选题

(1)在表中插入记录的 SQL 命令是(    )。

A. INSERT INTO    B. CREATE VIEW    C. UPDATE    D. DROP TABLE

(2)要为职工. DBF 中的所有职工增加 100 元工资,正确的 SQL 命令是(    )。

A. REPLACE 职工 SET 工资 = 工资 + 100    B. UPDATE 职工 SET 工资 = 工资 + 100

C. EDIT 职工 SET 工资 = 工资 + 100    D. CHANGE 职工 SET 工资 = 工资 + 100

(3) DELETE FROM S WHERE 年龄 >60 语句的功能是( )。

A. 从 S 表中彻底删除年龄大于 60 岁的记录

B. 删除 S 表

C. S 表中年龄大于 60 岁的记录被加上删除标记

D. 删除 S 表的年龄列

(4) 定义表的 SQL 命令是( )。

A. CREATE CURSOR　　　　　　　　B. CREATE TABLE

C. CREATE INDEX　　　　　　　　　D. CREATE VIEW

(5) 在 SQL 的 ALTER TABLE 语句中,为了增加一个新的字段应该使用短语( )。

A. CREATE　　　　　B. APPEND　　　　　C. COLUMN　　　　　D. ADD

2. 填空题

(1) 在 SQL 中,插入、更新和删除命令分别是 INSERT、UPDATE 和_____。

(2) 使用 CREATE TABLE 命令创建表结构时,用_____子句定义表的主关键字,用_____子句定义表的候选关键字。

(3) 在 ALTER TABLE 命令中,_____子句用于增加字段;_____子句用于修改字段的类型或宽度;_____子句用于修改字段名;_____子句用于删除字段。

(4) 在 ALTER TABLE 命令中,删除数据库表中已定义的主索引的短语是_____。

3. 上机操作题

(1) 新建一个商品管理. DBC,使用 CREATE TABLE 命令定义商品. DBF,表结构:商品号 C(6),名称 C(20),商品类别 C(2),商品价格 N(7,2),商品数量 I。

**注意**:将"商品号"字段定义为主索引;对"商品价格"字段设置有效性规则,将其限定在 2000 ~ 5000 之间,错误信息为"商品价格应在 2000 和 5000 之间"。

(2) 使用 SQL 命令修改商品. DBF 的结构。

在该表中增加一个字段:商品描述 M;

将"名称"字段的名字改为"商品名称";

将"商品名称"字段的宽度由 20 改为 30。

(3) 使用 INSERT 命令为商品. DBF 添加记录([010001],[红双喜乒乓球拍],[01],78,8)。

(4) 使用 UPDATE 命令将商品价格由 78 改为 65。

(5) 使用 SQL 命令删除商品. DBF。

# 实训 3.3　查询设计器及使用

## 一、实训目标

理解查询的概念;熟练掌握使用查询设计器创建各种简单的、规则的查询方法;掌握查询文件的打开、修改和运行;理解查询的局限性。

## 二、知识要点

### 1. 查询的概念

查询是 Visual FoxPro 支持的一种数据库对象,也是 Visual FoxPro 为方便检索数据提供的一种工具或方法,其实质是预先定义好的一个 SQL SELECT 语句。

查询是从指定的表或视图中提取满足条件的记录,然后按照想得到的输出类型定向输出查询结果,例如浏览器、表、报表、文本文件等。查询以扩展名为. QPR 的文件保存,这是一个文本文件,主体是 SQL SELECT 语句,还可以包括有关输出定向的语句。

建立查询比较常用的方法是通过查询设计器。

### 2. 查询的创建

可以从新建对话框中创建,也可以在项目管理器的"数据"选项卡中创建,还可以用 CREATE QUERY 命令创建。

创建查询时,系统通常会打开相应的查询设计器窗口。若当前无数据库打开,则会显示"打开"对话框,让用户选择需要查询的数据源;若当前有数据库打开,则出现如图 3 - 3 - 1 所示的对话框,用户可为查询添加数据源。

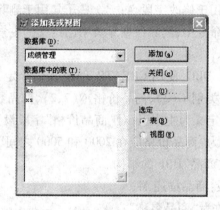

图 3 - 3 - 1 　查询的数据源选择

添加的表或视图会出现在查询设计器的上部(单击"其他"按钮还可以选择自由表),如图 3 - 3 - 2 所示。

**注意:**

①在查询设计器窗口右击,在快捷菜单中执行"添加表"命令也可为查询添加数据源;

②当要创建一个基于多个表的查询时,这些表之间必须有联系,注意添加表的顺序(纽带表一定要放到中间位置去添加);

③如果在数据库中已经定义了永久关系,查询设计器会自动根据联系提取联接条件,否则会打开图 3 - 3 - 3 所示的指定联接条件对话框,由用户来设计联接条件;

④在通常情况下,系统自动按同名字段建立联系。

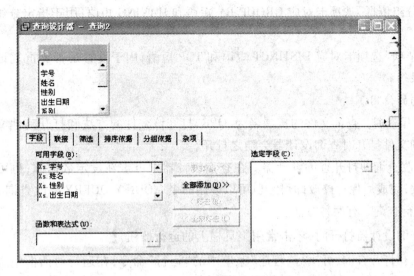

**图 3 - 3 - 2　查询设计器**

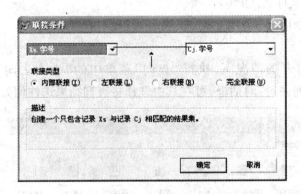

**图 3 - 3 - 3　指定联接条件对话框**

**3. 查询设计器**

从图 3 - 3 - 2 可以看出,查询设计器分为上下两部分:上部为表/查询显示窗格,显示查询的数据源字段列表及其相互之间的关联;下部为设计窗格,由 6 个选项卡组成。查询设计器的操作主要就是对这些选项卡的操作。

各选项卡和 SQL SELECT 语句的各短语对应如下。

(1)选择查询需要的表或视图,对应于 FROM 短语。

(2)"字段"选项卡对应 SELECT 短语,用于指定要查询的内容。可以单击"全部添加"选择所有字段,也可以逐个选择指定字段添加;还可以在"函数和表达式"编辑框中输入或编辑计算表达式。

(3)"联接"选项卡对应 JOIN ON 短语,用于指定联接条件。

(4)"筛选"选项卡对应 WHERE 短语,用于指定查询条件。

(5)"排序依据"选项卡对应 ORDER BY 短语,用于指定对查询结果进行排序的字段和排序方式。

（6）"分组依据"选项卡对应 GROUP BY 短语和 HAVING 短语,用于指定分组字段和分组条件。

（7）"杂项"选项卡对应 DISTINCT 短语和 TOP 短语,用于设置是否要重复记录及列在前面的记录等。

4.查询的使用

（1）打开查询。查询文件的扩展名为. QPR,打开该文件的方法和打开其他文件的方法类似。查询文件打开时查询设计器会随之打开。

（2）修改查询即打开查询设计器。在查询设计器中可重新设定数据源,也可对各选项卡进行修改,完成后保存修改即可。也可以使用命令 MODIFY QUERY 修改查询。

（3）运行查询。有两种方法。

①当查询设计器打开时,单击常用工具栏上的运行按钮 ! 。

②若没有打开查询,可执行"程序"菜单中的"运行"命令,在运行对话框中选择要运行的查询文件,或者在命令窗口执行如下命令:

　　　　DO ＜查询文件名.QPR＞

**注意:**用 DO 命令运行查询文件时,扩展名. QPR 不能省略。

5.查询去向

在查询设计器打开的情况下,执行"查询"菜单中的"查询去向"命令,屏幕显示图3 - 3 - 4 所示的"查询去向"对话框,可在其中选择将查询结果送往何处。

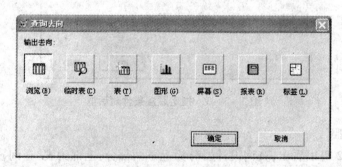

**图 3 - 3 - 4 "查询去向"对话框**

各查询去向的具体含义如下。

（1）浏览:在"浏览"窗口中显示查询结果(默认)。

（2）临时表:将查询结果存储到一个命名的临时表(只读)中,相当于 SQL SELECT 中的INTO CURSOR 短语。

（3）表:将查询结果存储到一个命名的永久表中,相当于 SQL SELECT 中的 INTO TABLE|DBF 短语。

（4）图形:使查询结果可用于 Microsoft Graph( 这是包含在 Visual FoxPro 中的一个独立的应用程序)。

（5）屏幕:在 Visual FoxPro 主窗口中显示查询结果,还可将其存储到文本文件或输出到打印机,相当于 SQL SELECT 中的 TO FILE 短语和 TO PRINTER 短语。

（6）报表：将查询结果输出到一个报表文件（.FRX）。

（7）标签：将查询结果输出到一个标签文件（.LBX）。

6. 查看 SQL

在查询设计器窗口右击，执行快捷菜单中的"查看 SQL"命令，或者执行"查询"菜单中的"查看 SQL"命令可查看系统生成的对应 SQL SELECT 语句。

7. 查询设计器的局限性

与 SQL SELECT 命令相比较，查询设计器具有不用记忆命令、没有烦琐的输入、使用简单等优点，但它只能完成简单规则的查询，不能完成较为复杂的查询如自连接查询、内外层互相关嵌套查询等；而 SQL SELECT 命令则可以完成所有的查询，只有熟练掌握 SQL SE-LECT 命令，才能更好地利用查询设计器进行查询操作。

### 三、实训环境

每名学生配备一台已安装了 Windows XP 或以上版本及 Visual FoxPro 6.0 的计算机，并已完成本实训所需文件的创建。

### 四、实训内容

1. 在学生成绩管理.pjx 中使用查询设计器创建女学生信息.QPR：要求查询 XS.DBF 中女生的全部信息，并按出生日期升序排序

操作步骤如下。

（1）打开学生成绩管理.pjx，在"数据"选项卡中新建一个查询，打开查询设计器，将 XS.DBF 添加到该查询中。

（2）在"字段"选项卡中，将该表的全部字段添加到"选定字段"。

（3）在"筛选"选项卡中设置图 3 - 3 - 5 所示的筛选条件。

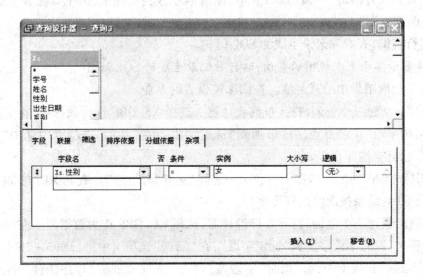

图 3 - 3 - 5 设置筛选条件

(4)在“排序依据”选项卡中,将出生日期字段按升序添加到“排序条件”中。

(5)以名为“女学生信息”保存查询。运行查询,结果如图 3－3－6 所示。

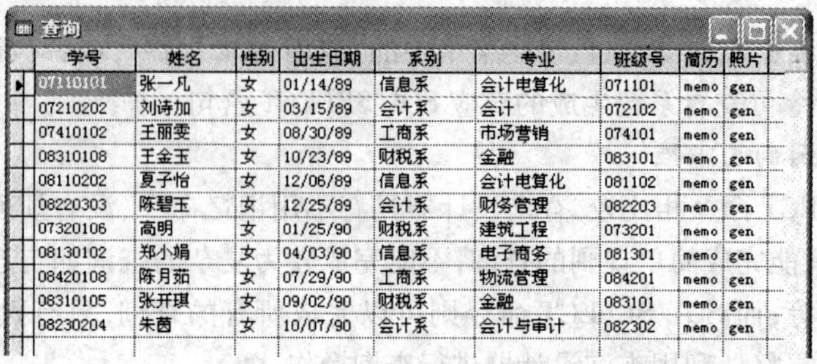


| 学号 | 姓名 | 性别 | 出生日期 | 系别 | 专业 | 班级号 | 简历 | 照片 |
|---|---|---|---|---|---|---|---|---|
| 07110101 | 张一凡 | 女 | 01/14/89 | 信息系 | 会计电算化 | 071101 | memo | gen |
| 07210202 | 刘诗加 | 女 | 03/15/89 | 会计系 | 会计 | 072102 | memo | gen |
| 07410102 | 王丽雯 | 女 | 08/30/89 | 工商系 | 市场营销 | 074101 | memo | gen |
| 08310108 | 王金玉 | 女 | 10/23/89 | 财税系 | 金融 | 083101 | memo | gen |
| 08110202 | 夏子怡 | 女 | 12/06/89 | 信息系 | 会计电算化 | 081102 | memo | gen |
| 08220303 | 陈碧玉 | 女 | 12/25/89 | 会计系 | 财务管理 | 082203 | memo | gen |
| 07320106 | 高明 | 女 | 01/25/90 | 财税系 | 建筑工程 | 073201 | memo | gen |
| 08130102 | 郑小娟 | 女 | 04/03/90 | 信息系 | 电子商务 | 081301 | memo | gen |
| 08420108 | 陈月茹 | 女 | 07/29/90 | 工商系 | 物流管理 | 084201 | memo | gen |
| 08310105 | 张开琪 | 女 | 09/02/90 | 财税系 | 金融 | 083101 | memo | gen |
| 08230204 | 朱茵 | 女 | 10/07/90 | 会计系 | 会计与审计 | 082302 | memo | gen |

图 3－3－6　查询的运行结果

(6)查看生成的 SQL 语句,将其记录在表 3－3－1 中,并理解其含义。

表 3－3－1　生成的 SQL 语句

| SQL 语句 | 含义 |
|---|---|
| | |

2. 打开查询女学生信息. QPR,将该查询中除学号、姓名、性别、出生日期和专业以外的其他字段移去,保存并运行

操作步骤如下。

(1)打开学生成绩管理. pjx,在其项目管理器的“数据”选项卡中选中“女学生信息”查询,单击“修改”按钮,即可打开该查询对应的查询设计器。

(2)在查询设计器的“字段”选项卡中,保留学号、姓名、性别、出生日期和专业,将其他字段移去,保存查询。

(3)运行查询,查看并记录生成的 SQL 语句。

3. 创建基于单个表或视图的查询,运行并记录生成的 SQL 语句

(1)去掉查询结果中的重复值。查询该校设置的专业。

具体操作:新建一个查询,打开查询设计器。选择 XS. DBF 作为数据源,在“字段”选项卡中,将“可用字段”中的专业字段添加到“选定字段”;在“杂项”选项卡中选中“无重复记录”复选框,运行查询并查看 SQL。

(2)BETWEEN…AND…(在……和……之间)运算符的使用。查询课时在 80 ~ 90 之间的课程名及课时,结果按课时的降序排列。

具体操作:新建一个查询,打开查询设计器,选择 KC. DBF 作为数据源。在“字段”选项卡中,将课程名、课时字段添加到“选定字段”;在“筛选”选项卡中进行图 3－3－7 所示的设置;在“排序依据”选项卡中,将“课时”字段按“降序”选项添加到“排序条件”中,运行查询并查看 SQL。

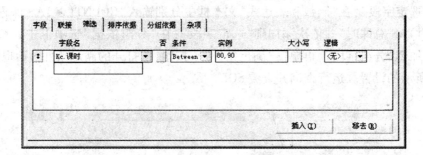

**图 3 – 3 – 7 BETWEEN…AND…运算符的使用**

(3)LIKE 运算符的使用。查找课程名中含有"基础"的课程的全部信息。

具体操作:新建一个查询,在打开的查询设计器中选择 KC. DBF 作为数据源。在"字段"选项卡中,将该表的全部字段添加到"选定字段";在"筛选"选项卡中进行图 3 – 3 – 8 所示的设置,运行查询并查看 SQL。

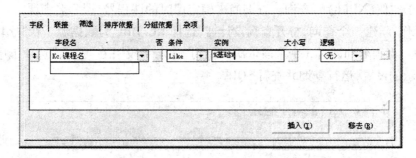

**图 3 – 3 – 8 LIKE 运算符的使用**

(4)计算查询。统计 XS. DBF 中的女生人数。

具体操作:新建一个查询,在打开的查询设计器中选择 XS. DBF 为数据源。在"字段"选项卡中,将性别字段添加到"选定字段",在"函数和表达式"文本框中输入:COUNT( * ) AS 人数,再添加到选定字段中(如图 3 – 3 – 9 所示);在"筛选"选项卡中设置筛选条件(性别 = "女"),运行查询并查看 SQL。

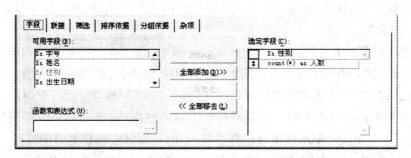

**图 3 – 3 – 9 在"字段"选项卡中定义函数和表达式**

(5)分组查询。查看每学期开设的课程数在 5 门以上( >5)的课程门数及总课时。

具体操作:新建一个查询,选择 KC. DBF 为数据源。在"字段"选项卡中,将开设学期字段添加到"选定字段",在"函数和表达式"文本框中分别输入"COUNT( * ) AS 课程门数"和"SUM(课时) AS 总课时"并依次添加到"选定字段";在"分组依据"选项卡中。将"开设学期"字段添加到"分组字段",再单击"满足条件…"按钮,在打开的满足条件对话框中进行图3-3-10所示的设置。运行查询并查看 SQL。

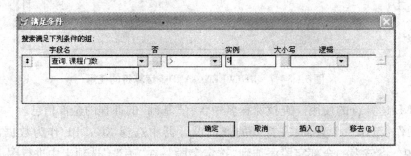

**图 3 - 3 - 10    设置分组条件**

（6）关于空值（NULL）的查询。查询尚未确定课时的课程号、课程名和课时。

具体操作：新建一个查询,打开查询设计器,选择 KC. DBF 为数据源。在"字段"选项卡中,将课程号、课程名和课时 3 个字段依次添加到"选定字段";在"筛选"选项卡中进行图 3 - 3 - 11 所示的设置,运行查询并查看 SQL。

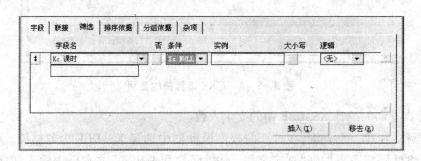

**图 3 - 3 - 11    设置筛选条件**

**4. 创建基于多表的连接查询,运行并记录生成的 SQL 语句**

（1）基于两个表的连接查询。查看李林全部课程的考试成绩,查询结果包含姓名、课程号和成绩 3 个字段。

具体操作：新建一个查询,在打开的查询设计器中,添加 XS. DBF 和 CJ. DBF,设置两表在"学号"字段上建立内部连接。在"字段"选项卡中,将姓名、课程号和成绩 3 个字段添加到"选定字段";在"筛选"选项卡中设置筛选条件(姓名 ="李林")。运行查询并查看 SQL。

（2）基于 3 个表的连接查询。查询所有学生的考试成绩,查询结果包括班级号、姓名、课程名和成绩 4 个字段。要求按班级的降序排列,同一班级按课程名升序排列。

具体操作：新建一个查询,打开"查询设计器"对话框,依次在其中添加 XS. DBF、CJ. DBF 和 KC. DBF(**特别注意：**纽带表 CJ. DBF 一定要在第二个位置添加),设置 XS. DBF 和 CJ. DBF 在学号字段上建立内部连接,CJ. DBF 和 KC. DBF 在课程号字段上建立内部连接。在"字段"选项卡中,将班级号、姓名、课程名和成绩字段依次添加到"选定字段";在"排序依据"选项卡中按图 3 - 3 - 12 所示设置,运行查询并查看 SQL。

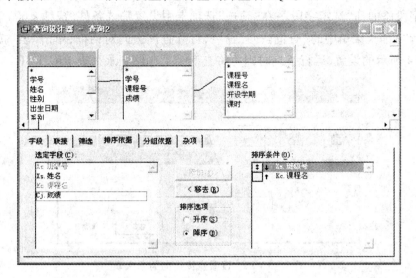

**图 3 - 3 - 12　设置按多个字段进行排序**

**5. 查询的几个特殊选项**

(1)显示部分查询结果。查询会计基础课程成绩前三名的学生的学号、姓名、课程名和成绩字段。

具体操作:新建一个查询,打开查询设计器,按顺序向其中添加 XS. DBF、CJ. DBF 和 KC. DBF,设置 XS. DBF 和 CJ. DBF 在学号字段上建立内部连接,CJ. DBF 和 KC. DBF 在课程号字段上建立内部连接。在"字段"选项卡中,将学号、姓名、课程名和成绩字段添加到"选定字段";在"筛选"选项卡中设置筛选条件(课程名 ="会计基础");在"排序依据"选项卡中,设置按成绩字段降序排序;在"杂项"选项卡中,进行图 3 - 3 - 13 所示的设置,运行查询并查看 SQL。

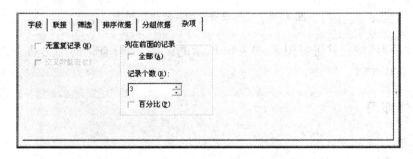

**图 3 - 3 - 13　显示部分查询结果**

(2)将查询结果保存到永久表、临时表和文本文件。查询不及格的成绩,查询结果包括 CJ. DBF 中的所有字段,并将查询结果分别存储到表 BJG. DBF、临时表 LSB 和文本文件 BJG. TXT。

操作步骤如下。

①新建一个查询,打开查询设计器,选择 CJ. DBF 为数据源。在"字段"选项卡中,将该表的全部字段添加到"选定字段";在"筛选"选项卡中设置筛选条件(成绩 <60)。

②执行"查询"菜单中的"查询去向"命令,打开查询去向对话框,单击"表"按钮并进行图 3 - 3 - 14 所示的设置,运行查询时即可将查询结果存储到永久表 BJG. DBF。

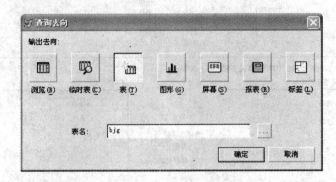

图 3 - 3 - 14　设置查询去向为永久表

③单击"临时表"按钮并进行图 3 - 3 - 15 所示的设置,运行查询时即可将查询结果存储到临时表 LSB。

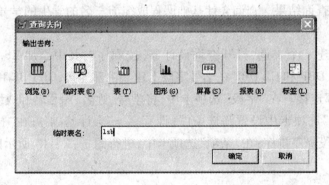

图 3 - 3 - 15　设置查询去向为临时表

④单击"屏幕"按钮并进行图 3 - 3 - 16 所示的设置,运行查询时即可将查询结果存储到文本文件 BJG. TXT。

## 五、课外练习

1. 单选题

(1)Visual FoxPro 中关于查询正确的描述是(　　)。

A. 查询是使用查询设计器对数据库进行操作

B. 查询是使用查询设计器生成各种复杂的 SQL SELECT 语句

C. 查询是使用查询设计器帮助用户编写 SQL SELECT 命令

D. 查询是使用查询设计器生成查询程序,与 SQL 语句无关

(2)查询的数据源不能是(　　)。

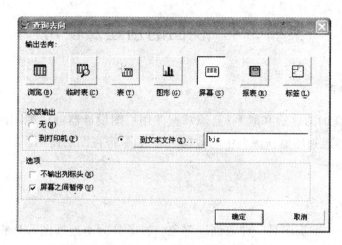

**图 3 - 3 - 16 设置查询去向为文本文件**

A. 自由表        B. 视图        C. 查询        D. 数据库表

(3) 在"添加表或视图"窗口中,"其他"按钮的作用是让用户选择( )。

A. 数据库表               B. 视图

C. 查询                     D. 不属于当前数据库的表

(4) 查询默认的输出形式是( )。

A. 数据表        B. 图形        C. 报表        D. 浏览窗口

(5) 查询的输出不能是( )。

A. 临时表        B. 永久表        C. 视图        D. 屏幕

(6) 修改查询文件的命令是( )。

A. MODIFY COMMAND             B. MODIFY FILE

C. MODIFY QUERY                D. MODIFY STRUCTURE

(7) 完成查询名为 aaa 的查询设计后,运行查询不正确的方法是( )。

A. 在查询设计器打开的情况下,单击"常用"工具栏上的"运行"按钮

B. 在查询设计器打开的情况下,单击"查询"菜单中"运行查询"菜单项

C. 在命令窗口输入命令 DO aaa

D. 在命令窗口输入命令 DO aaa. qpr

2. 填空题

(1) 查询设计器中的字段、联接、筛选、排序依据和分组依据选项卡分别对应 SELECT 语句中_____、_____、_____、_____和_____子句。

(2) 查询不但可以通过_____建立,而且能通过_____语句建立。

(3) 创建一个查询后,在查询中保存的是_____语句。

(4) 查询是以_____文件的形式保存于磁盘上。

3. 上机操作题

使用查询设计器完成实训 3.1 课外练习中的所有查询。

# 实训 3.4　视图的创建及使用

## 一、实训目标

理解视图和查询的区别和联系;熟练掌握使用视图设计器创建视图的方法;掌握使用命令创建视图及通过视图更新源表中的数据的方法;掌握视图的使用。

## 二、知识要点

### 1.视图的概念

Visual FoxPro 中的视图是一种数据库对象。视图分为本地视图和远程视图,本地视图是指使用当前数据库中的表建立的视图,远程视图是指使用当前数据库之外的数据源(如SQL Server)中的表建立的视图。

视图像查询,它也是从一个或多个表(或视图)中提取用户需要的数据,但查询的结果是只读的,而视图中的数据是可读可改的,从这个角度上看,视图又像表(它是一个定制的虚拟表,从表中派生),已建立的视图可以像表一样使用,但表以.DBF 文件的形式存储在磁盘上,而视图存储于数据库中,只有在数据库打开的情况下才能创建和使用视图。

视图可以作为查询和视图的数据源。作为操作表的一种手段,通过视图既可以查询表,还可以更新表。视图能将表和用户隔离开,从而提高了表中数据的安全性。

### 2.视图的创建

视图可以通过视图设计器创建,也可以使用命令 CREATE VIEW…AS…创建,后者要求用户对 SQL SELECT 命令非常熟悉。

### 3.视图设计器

视图设计器和查询设计器的使用方法类似,它们都对应有"查询"菜单。其不同主要表现在以下 3 点。

(1)使用查询设计器创建的查询可以.QPR 文件的形式存储在磁盘上,而利用视图设计器创建的视图保存在数据库中。

(2)通过视图可以更新表,故在视图设计器中多了一个"更新条件"选项卡。

(3)在视图设计器中不能进行"查询去向"设置。

### 4.视图的数据更新

视图中的数据可以修改。如果要通过视图来修改基本表中的数据,就要在视图设计器中的"更新条件"选项卡进行相关设置,如图 3 - 4 - 1 所示。

图 3 - 4 - 1 中的字段名左侧有两列标志,"钥匙"表示关键字,"铅笔"表示更新,通过单击相应列可以改变其状态。

在进行视图更新时注意以下几点。

(1)如果视图是基于多个表的,默认可以更新全部表中的相关字段,但不建议修改主键。

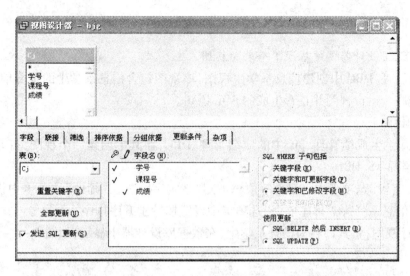

**图 3 - 4 - 1　视图设计器**

（2）要通过视图更新表,必须要在"更新条件"选项卡中指定该表的主关键字。如果更新纽带表中的字段,那么该表的主键是两个外部关键字的组合。在"字段"选项卡中,这两个外部关键字段必须都要添加到"选定字段",并且要在"更新条件"选项卡中都指定为关键字。可参考实训内容中的例 5。

（3）只有勾选"发送 SQL 更新"复选框,才能通过视图更新基本表中的数据。

（4）"使用更新"组框的选项决定向基本表发送 SQL 更新时的更新方式:"SQL DELETE 然后 INSERT"表示先用 SQL DELETE 命令删除基本表中被更新的旧记录,再用 SQL IN-SERT 命令向基本表中插入更新后的新记录;"SQL UPDATE"表示使用 SQL UPDATE 命令更新基本表。

5.视图的使用

在使用视图前,首先要打开视图所在的数据库。对视图的操作既可以通过菜单窗口完成,也可以通过命令实现。

视图的使用和表类似,适用于表的命令基本上都可以用于视图。但视图不能用 MODI-FY STRUCTURE 命令修改结构,可以使用 MODIFY VIEW 命令修改视图的定义( 即打开视图设计器);可以使用 DROP VIEW 命令从数据库中删除视图。

视图在使用时将作为临时表在一个工作区中打开,可以在数据工作期窗口中进行视图的打开、浏览、修改数据和关闭等操作。

### 三、实训环境

每名学生配备一台已安装了 Windows XP 或以上版本及 Visual FoxPro 6.0 的计算机,并已完成本实训所需数据库和表的创建。

## 四、实训内容

1. 使用视图设计器创建基于单个表的视图

在成绩管理. DBC 中创建信息系学生视图,该视图包含信息系学生的全部信息,结果按性别升序排序。运行视图并查看生成的 SQL 语句。

操作步骤如下。

(1)打开学生成绩管理. pjx 中的成绩管理. DBC,在其中创建一个视图,打开视图设计器,添加数据源 XS. DBF。

(2)在"字段"选项卡中将全部字段添加到"选定字段";在"筛选"选项卡中设置筛选条件(系别 = "信息系");在"排序依据"选项卡中设置按性别升序排序。

(3)保存视图,将其命名为信息系学生,在数据库设计器中显示,如图 3 - 4 - 2 所示。

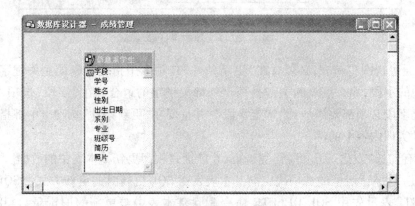

**图 3 - 4 - 2　数据库中的视图对象**

(4)运行视图,查看结果并记录对应的 SQL 语句。

2. 以多个表作为数据源创建视图

在成绩管理. DBC 中创建课程成绩视图,该视图包括课程号、课程名、开设学期、姓名和成绩字段,结果按开设学期、课程号升序排序。运行该视图并查看生成的 SQL 语句。

操作步骤如下。

(1)打开成绩管理. DBC,新建一个视图,打开视图设计器,按顺序依次向其中添加 XS. DBF、CJ. DBF 和 KC. DBF(**特别注意**:纽带表 CJ. DBF 一定要在第二个位置添加)。

(2)XS. DBF 和 CJ. DBF 在学号字段上建立内部连接,CJ. DBF 和 KC. DBF 在课程号字段上建立内部连接。

(3)在"字段"选项卡中将课程号、课程名、开设学期、姓名和成绩字段依次添加到"选定字段";在"排序依据"选项卡中将开设学期和课程号字段按升序依次添加到"排序条件"。

(4)保存视图,名称为课程成绩。运行视图,查看并记录生成的 SQL 命令。

3. 以视图作为数据源创建视图

如将成绩管理. DBC 中的视图课程成绩作为数据源创建第一学期课程成绩视图,用于查看第一学期开设的课程成绩。

操作步骤如下。

(1)打开成绩管理.DBC,新建一个视图,打开视图设计器,在添加表或视图对话框中选定视图作为数据源,如图 3 – 4 – 3 所示。

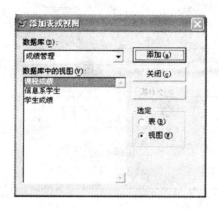

**图 3 – 4 – 3 用视图作为视图的数据源**

(2)在"字段"选项卡中将全部字段添加到"选定字段";在"筛选"选项卡中设置筛选条件(开设学期 = 1)。

(3)保存视图,将其命名为第一学期课程成绩。运行视图,查看记录生成的 SQL 命令。

4.通过视图更新表中的数据

在成绩管理.DBC 中创建视图 BJG,该视图包含 CJ.DBF 中不及格成绩的全部信息,以及相关的学生姓名和课程名。修改该视图中的成绩,以更新 CJ.DBF 中的内容。

操作步骤如下。

(1)打开成绩管理.DBC,新建一个视图,打开视图设计器,在其中依次添加 XS.DBF、CJ.DBF 和 KC.DBF 3 个表。

(2)XS.DBF 和 CJ.DBF 在学号字段上建立内部连接,CJ.DBF 和 KC.DBF 在课程号字段上建立内部连接;在"字段"选项卡中,将 CJ.学号、姓名、CJ.课程号、课程名和成绩字段依次添加到"选定字段"(如图 3 – 4 – 4 所示);在"筛选"选项卡中设置筛选条件(成绩 < 60)。

(3)在"更新条件"选项卡中,进行图 3 – 4 – 5 所示的设置。

(4)选中窗口左下角的"发送 SQL 更新"复选框,以名为 BJG 保存视图。

(5)运行视图。打开 CJ.DBF 的浏览窗口,将该表与视图进行比照。在视图窗口中将学号为"08130102"、课程号为"02001"的成绩修改 68,会发现 CJ.DBF 中的数据随之更改,如图 3 – 4 – 6 所示。

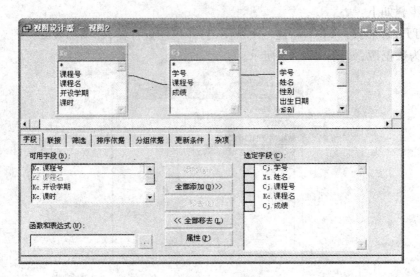

图 3 - 4 - 4　字段选取

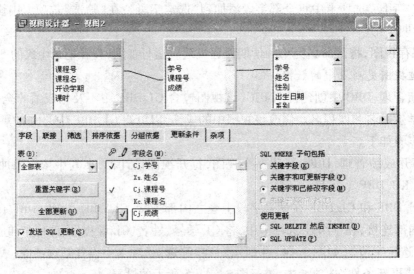

图 3 - 4 - 5　设置更新条件

5. 视图的使用

打开/关闭视图 BJG,浏览该视图,打开视图设计器。

操作步骤如下。

(1)在数据工作期窗口中单击"打开"按钮,在打开对话框中选定"视图"单选框,打开 BJG 视图。

(2)视图打开后,可浏览其内容,也可将其关闭。

(3)要打开视图设计器,可打开该视图所在的数据库设计器,在该视图上右击,执行快捷菜单中的"修改"命令,如图 3 - 4 - 7 所示。

**图 3 - 4 - 6  通过视图更新表中的数据**

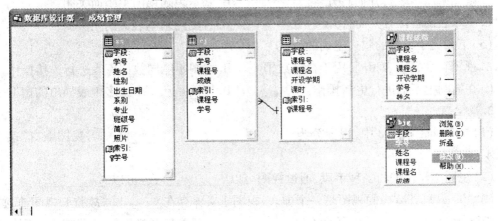

**图 3 - 4 - 7  修改视图(打开视图设计器)**

**6. 视图的删除**

在成绩管理.DBC 中创建一个查询 KC.DBF 中全部信息的课程视图,然后删除该视图。操作步骤如下。

(1)打开成绩管理.DBC,创建一个名为课程的视图,查询 KC.DBF 中的全部信息。

(2)在数据库设计器中的课程视图上右击,执行快捷菜单中的"删除"命令,即可打开图 3 - 4 - 8 所示的对话框,单击"移去"按钮即可从数据库中删除该视图。

**图 3 - 4 - 8  删除视图**

## 五、课外练习

1. 单选题

(1)下列关于视图描述正确的是( )。

A. 视图是对表的复制产生的

B. 视图不能删除,否则影响原来的数据文件

C. 使用 SQL 对视图进行查询时必须事先打开该视图所在数据库

D. 使用 MODIFY STRUCTURE 命令修改视图结构

(2)修改本地视图使用的命令是( )。

A. CREATE SQL VIEW                 B. MODIFY VIEW

C. RENAME VIEW                    D. DELETE VIEW

(3)视图设计器中含有而查询设计器中没有的选项卡是( )。

A. 筛选         B. 排序依据         C. 分组依据         D. 更新条件

(4)视图与基本表的关系是( )。

A. 视图随基本表打开而打开       B. 基本表随视图关闭而关闭

C. 基本表随视图打开而打开       D. 视图随基本表关闭而关闭

(5)下列关于视图的叙述正确的是( )。

A. 视图与数据库表相同,用于存储数据       B. 视图不能同数据库表进行连接操作

C. 在视图上不能进行更新操作       D. 视图是从一个或多个表导出的虚拟表

2. 填空题

(1)在 Visual FoxPro 中,视图分为＿＿＿＿＿＿＿＿和＿＿＿＿＿＿＿＿,视图兼有"表"和"查询"的特点。

(2)视图是操作表的一种手段,通过视图可以＿＿＿＿＿＿,也可以＿＿＿＿＿＿。

(3)Visual FoxPro 中的视图是一个虚表,视图定义保存在＿＿＿＿中,故打开视图前,必须打开包含视图的＿＿＿＿＿＿;用命令＿＿＿＿＿＿＿＿可以打开视图设计器建立视图;打开或关闭视图的命令是＿＿＿＿。

(4)视图的数据源可以是＿＿＿＿＿＿;可以利用视图的＿＿＿＿＿＿功能修改本地表的内容。

3. 上机操作题

在成绩管理. DBC 中,使用 CREATE VIEW 命令或通过视图设计器创建学生成绩视图,该视图中包含学号、姓名、班级名、课程号、课程名和成绩等字段,结果按学号、班级名升序排序。运行视图并查看生成的 SQL 语句。

**注意:**

①该视图涉及 4 个表,可按 BJ. DBF、XS. DBF、CJ. DBF 和 KC. DBF 次序依次添加,思考为什么;

②使用 CREATE VIEW 命令创建本实训中的所有视图。

# 第4章 结构化程序设计

使用 Visual FoxPro 可以进行各种数据处理。简单的数据处理可通过表达式、函数或单条命令来实现,而复杂的数据处理则需要编写程序来完成。

## 实训 4.1 程序设计基础知识

### 一、实训目标

通过本次实训,要求学生理解程序的概念;熟练掌握程序文件的建立和运行;掌握键盘输入命令的使用技巧;掌握程序的 3 种基本控制结构的使用,能读懂程序,并能使用程序的 3 种基本结构编写简单程序来解决一些实际问题。

### 二、知识要点

1. 程序的概念

程序是能够完成一定任务的命令序列。在 Visual FoxPro 中,程序以扩展名为.PRG 的文件形式存在,这种文件称为程序文件或命令文件。

2. 程序文件的建立与运行

可以通过新建对话框创建程序文件,也可在项目管理器中创建,还可使用如下命令创建:

MODIFY COMMAND <文件名>

运行程序文件时,若该文件处于打开状态,只需要单击"常用"工具栏上的 ❗ 按钮即可;若该文件没有打开,可执行"程序"菜单中的"运行"命令,或在命令窗口执行如下命令:

DO <程序文件名.PRG>

**注意:**

①编写程序时,每条命令都以回车键结束,一行只能写一条命令,如果命令太长可分行书写,但必须在换行前输入续行符";"(分号);

②在程序的适当位置插入注释可提高程序的可读性,注释为非执行代码,Visual FoxPro 中采用两种注释方式,一种是注释行,以 NOTE 或 * 开头的代码行一般用于对后面的一段命令代码进行说明,另一种是在命令行后添加注释,这种注释放在命令行的尾部,以"&&"开头,对所在行的命令进行说明;

③使用 DO 命令执行程序文件时,建议不要省略扩展名.PRG。

3. 常用的键盘输入命令

格式:INPUT [<字符串>] TO <内存变量>

　　　　ACCEPT［＜字符串＞］TO ＜内存变量＞

　　　　WAIT［＜字符串＞］［TO ＜内存变量＞］［WINDOW］［TIMEOUT ＜N＞］

　　功能:接收用户从键盘输入的数据并将其赋值给相应的内存变量。

**注意:**

　　①INPUT 命令接收从键盘输入的任意类型数据,但数据格式必须符合其语法要求,输入完成后要按回车键以示结束,ACCEPT 命令只接收字符串,但不需要输入定界符,输入完成后要按回车键,WAIT 命令只接收单字符,不需要输入定界符,也不用按回车键;

　　②＜字符串＞选项为提示信息,若有此选项,则会在主窗口显示该字符串,并在其后出现光标等待用户输入内容,若省略,则直接出现光标等待用户输入数据;

　　③执行 INPUT 命令时,若输入的数据不合法则会反复执行直到输入合法的表达式为止,执行 ACCEPT 和 WAIT 命令时,若直接按回车键,系统会把空串赋给指定的内存变量;在 WAIT 命令中若指定了 WINDOW 子句,则会在主窗口右上角显示一个提示信息显示框,TIMEOUT ＜N＞用来设定等待时间(秒),一旦超时系统就将空串赋值给＜内存变量＞,并自动执行后面的命令。

**4. 程序的基本结构**

　　程序结构指程序中命令或语句执行的流程结构。程序的基本结构有 3 种:顺序结构、选择结构和循环结构。

　　顺序结构是最简单、最基本的结构,采用该结构的程序在运行时,其中的命令按先后次序依次执行。

　　在选择结构中,能根据不同的条件进行不同的处理。

　　若要求某些命令重复执行可使用循环结构的程序来实现。

**5. 选择结构**

　　选择结构的语句有条件语句和分支语句两种。

　　(1)条件语句。有简单形式的条件语句 IF…ENDIF 和一般形式的条件语句 IF…ELSE…ENDIF 两种格式。

　　格式:IF　＜条件＞

　　　　　　＜语句序列 1＞

　　　　［ELSE

　　　　　　＜语句序列 2＞]

　　　　ENDIF

**功能:**

　　①在 IF…ENDIF 中,若＜条件＞成立,则执行＜语句序列 1＞,然后转向 ENDIF 的后续语句,否则直接转向执行 ENDIF 的后续语句;

　　②在 IF…ELSE…ENDIF 结构中,若＜条件＞成立,则执行＜语句序列 1＞,否则执行＜语句序列 2＞,然后转向 ENDIF 的后续语句去执行。

　　两种格式的程序流程图如图 4 - 1 - 1 所示。

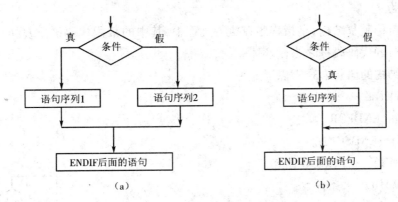

图 4 - 1 - 1 条件语句程序流程图

(a)一般形式的条件语句程序流程图;(b)简单形式的条件语句程序流程

**注意:**

①条件语句中 IF 和 ENDIF 必须成对出现;

②条件语句可以嵌套,但不得交叉,在嵌套时,为了使程序结构清晰、易于阅读,常采用缩进格式书写。

(2)多分支语句。是一种扩展的选择结构,可以根据条件从多组代码中选择一组执行,在 Visual FoxPro 中采用 DO CASE⋯ENDCASE 结构。

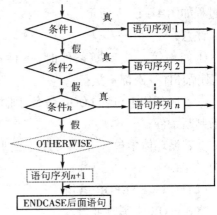

```
格式:DO CASE
        CASE <条件 1 >
            <语句序列 1 >
        CASE <条件 2 >
            <语句序列 2 >
        …
      [CASE <条件 n >
            <语句序列 n >]
      [OTHERWISE
            <语句序列 n + 1 >]
     ENDCASE
```

图 4 - 1 - 2 多分支语句程序流程图

功能:语句执行时,自上至下逐个判断 CASE 子句中的条件是否成立。当发现某 CASE 后面的条件成立时,就执行该 CASE 与下一个 CASE 之间的语句序列,然后执行 ENDCASE 的后续语句。若所有的条件均不成立,则看是否有 OTHERWISE 子语,若有则执行 <语句序列 n + 1 >,否则退出该结构执行 ENDCASE 的后续语句。如图 4 - 1 - 2 所示。

**注意:**

①DO CASE 和 ENDCASE 必须成对出现;

②当多个条件同时成立时,仅执行第一个条件为真的语句序列。

6. 循环结构

循环结构也称重复结构,是指程序在执行过程中,其中的某段代码被重复执行若干次,这种被重复执行的代码段称之为循环体。

采用循环结构的语句形式有以下 3 种:

DO WHILE … ENDDO

FOR … ENDFOR

SCAN …ENDSCAN。

(1) DO WHILE … ENDDO 语句。

格式:DO WHILE ＜条件＞

＜命令序列＞

ENDDO

功能:执行该语句时,首先判断＜条件＞是否成立,若条件为真则执行 DO WHILE 和 ENDDO 之间的命令序列即循环体。再次判断循环条件是否成立,以确定是否再次执行循环体。若条件为假,则结束该循环语句,执行 ENDDO 后面的语句。循环语句执行过程如图 4 - 1 - 3 所示。

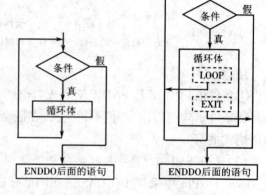

图 4 - 1 - 3　循环结构

注意:

① 如果第一次判断条件时,条件即为假,则循环体一次都不执行;

② 若循环体中包含 LOOP 命令,则遇到 LOOP 时会结束本次循环,转回到 DO WHILE 处重新判断条件;

③ 若循环体中包含 EXIT 命令,则遇到 EXIT 时会跳出循环体,转去执行 ENDDO 的后续语句。

(2) FOR…ENDFOR 语句。

格式:FOR ＜循环变量＞ = ＜初值＞ TO ＜终值＞〔STEP ＜步长＞〕

＜循环体＞

ENDFOR | NEXT

功能:首先将＜初值＞赋给＜循环变量＞,然后判断循环条件(若步长为正值,则循环条件为＜循环变量＞ ≤ ＜终值＞;若步长为负值,则循环条件为＜循环变量＞ ≥ ＜终值＞)。若循环条件为真则执行循环体,然后给＜循环变量＞增加一个步长值,再次判断循环条件是否为真,若为真则再次执行循环体,直到循环条件为假时结束该循环,执行 ENDFOR 后面的语句。

说明:

① ＜步长＞可省略,其默认值为 1;

② ＜初值＞、＜终值＞和＜步长＞均为数值型数据;

③该语句通常用于已知循环次数的情况。

（3）SCAN…ENDSCAN 语句,也称为扫描循环语句。

格式:SCAN ［ <范围> ］［FOR <条件> ］

　　　　　<循环体>

　　ENDSCAN

功能:执行该语句时,记录指针会自动、依次在当前表的指定<范围>内满足<条件>的记录上移动,并对扫描过的每条记录执行循环体内的命令,直到指针指向<范围>末尾,则退出循环语句。

**注意:**

①<范围>的默认值为 ALL;

②该循环语句通常用于逐条处理表中满足一定条件的记录;

③若不选<范围>、FOR <条件>,则表示对所有记录逐条操作;

④该命令相当于 LOCATE、CONTINUE 和 DO WHILE…ENDDO 等语句功能的合并。

### 三、实训环境

每名学生配备一台已安装了 Windows XP 或以上版本及 Visual FoxPro 6.0 的计算机。

### 四、实训内容

1. 在学生成绩管理. pjx 中建立程序文件长方形面积. PRG,通过键盘输入长方形的长和宽,计算并输出长方形的面积

操作步骤如下。

（1）打开学生成绩管理. pjx,在其项目管理器的"代码"选项卡中新建一个程序,在打开的程序编辑窗口中输入源程序,保存为:长方形面积. PRG,如图 4 - 1 - 4 所示。

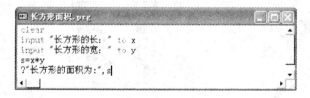

**图 4 - 1 - 4　程序代码编辑窗口**

（2）运行程序文件。单击工具栏上的 ！ 按钮,或在命令窗口输入如下命令:

DO 长方形面积. PRG

若输入长方形的长为 15,宽为 6.5,则程序运行结果如图 4 - 1 - 5 所示。

2. 使用命令建立程序文件 P1. PRG

运行程序时,要求通过键盘输入已有的数据库名和该数据库中的某个表文件名,程序即能打开该数据库,并在主窗口显示该数据库表的内容。

操作步骤如下。

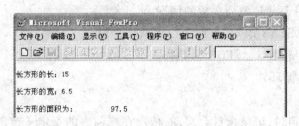

图 4 - 1 - 5    程序运行结果

（1）在命令窗口输入如下命令创建程序文件 P1. PRG：

MODIFY COMMAND    P1

（2）在打开的程序代码编辑窗口中输入如下命令：

CLEAR

ACCEPT "请输入数据库名称:" TO SJK

OPEN DATABASE &SJK

ACCEPT "请输入该数据库中的某个表名:" TO BM

USE &BM

LIST                          && 也可使用 DISPLAY ALL 命令

CLOSE DATABASE

（3）保存并运行程序。按照程序提示输入，运行结果如图 4 - 1 - 6 所示。

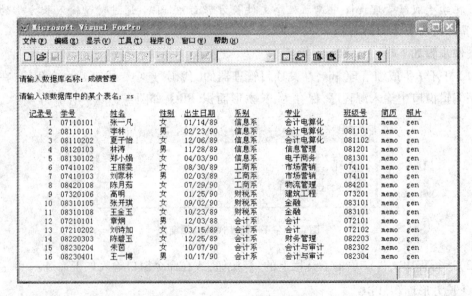

图 4 - 1 - 6    程序运行结果

3. 简单的条件语句

1 本书的定价为 15 元，购买数量不低于 20 本时打 8 折。编写程序文件 P2. PRG，运行程序时，要求用户输入购买数量，屏幕输出应付总金额。

操作步骤如下。

（1）通过"文件"菜单新建程序 P2. PRG,在打开的程序代码编辑窗口中输入如下命令:

```
INPUT [请输入购买数量:] TO X
Y = 15 * X
IF X > = 20
      Y = 15 * 0. 8 * X
ENDIF
? [应付总金额:],Y,[元]
```

（2）保存并运行程序两次,按照提示输入购买数量,屏幕显示应付总金额,如图4-1-7所示。

**图4-1-7 程序运行结果**

**4. 一般形式的条件语句**

创建程序文件 P3. PRG,根据输入的姓名在 XS. DBF 中查找,若找到,显示该学生的学号、姓名、性别和系别,否则显示"对不起,查无此人!"。

操作步骤如下。

（1）建立程序文件 P3. PRG,在打开的代码编辑窗口中输入如下程序代码:

```
USE XS
ACCEPT "请输入需要查找的学生姓名:" TO XM
LOCATE FOR 姓名 = XM
IF FOUND( )
      DISPLAY 学号,姓名,性别,系别
ELSE
?"对不起,查无此人!"
ENDIF
USE
```

（2）保存并运行程序两次。根据提示输入姓名,如图4-1-8所示。

**5. 多分支语句**

若1本书的定价为25元,购买数量不低于30本但低于50本时打9折,购买数量大于等于50本但低于100本时打6折,购买数量大于等于100本时打5折。编写程序 P4. PRG,运行时要求用户输入购买数量,屏幕显示应付总金额。

操作步骤如下。

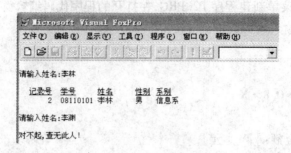

图 4 - 1 - 8　程序运行结果

（1）建立程序文件 P4. PRG,程序代码如下：

```
CLEAR
INPUT "请输入购买数量:" TO K
DO CASE
    CASE K > = 100
        Y = 25 * K * 0. 5
    CASE K > = 50
        Y = 25 * K * 0. 6
    CASE K > = 30
        Y = 25 * K * 0. 9
    CASE K > 0
        Y = 25 * K
ENDCASE
?"应付总金额:", Y, "元"
```

（2）保存并运行程序,运行结果如图 4 - 1 - 9 所示。

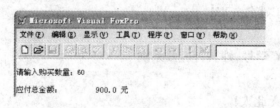

图 4 - 1 - 9　程序运行结果

6. DO WHILE …ENDDO 语句的使用

编写程序 P5. PRG,求前 100 个自然数的和。

具体操作:创建一个名为 P5. PRG 的程序,源代码如下。

```
CLEAR
S = 0
I = 1
DO WHILE I < = 100
```

```
        S = S + I
        I = I + 1
    ENDDO
    ?"1 + 2 + 3 + … + 100 之和为:",S
```
保存并运行程序,查看程序运行结果。

7. FOR…ENDFOR 语句

编写程序 P6. PRG 求 *N*! (*N* 为自然数)。

具体操作:创建一个名为 P6. PRG 的程序,源代码如下:

```
    CLEAR
    INPUT"请输入一个正整数:" TO N
    K = 1
    FOR I = 1 TO N
        K = K * I
    ENDFOR
    ?"该数的阶乘为:",K
```
保存并运行程序,查看程序运行结果。

8. SCAN…ENDSCAN 语句

编写程序 P7. PRG,显示信息系所有男生的学号、姓名、出生日期和年龄信息。

具体操作:创建程序文件 P7. PRG,源代码如下:

```
    CLEAR
    SET DATE TO YMD
    SET CENTURY ON
    M = 0
    USE XS
    SCAN FOR 性别 = "男" AND 系别 = "信息系"
        ? 学号,姓名,出生日期,YEAR(DATE( )) – YEAR(出生日期)
        M = M + 1
    ENDSCAN
    ?"信息系共有",M,"个男生"
    RETURN
```
保存并运行程序,查看程序运行结果。

该程序还可以写成如下形式:

```
        SET DATE TO YMD
        SET CENTURY ON
        M = 0
        USE XS
        LOCATE FOR 性别 = "男" AND 系别 = "信息系"
```

```
DO WHILE FOUND( )
    ? 学号,姓名,出生日期,YEAR(DATE( )) – YEAR(出生日期)
    M = M + 1
    CONTINUE
    ENDDO
    ?"信息系共有",M,"个男生"
```

## 五、课外练习

(1)在 Visual FoxPro 中,程序文件的扩展名为(　　　)。

A. . QPR                  B. . PRG                  C. . pjx                  D. . SCX

(2)Visual FoxPro 中用于建立或修改程序文件的命令是(　　　)。

A. MODIFY　<过程文件名>                  B. MODIFY COMMAND　<过程文件名>

C. CREATE PROCEDURE　<过程文件名>    D. MODIFY PROCEDURE　<过程文件名>

(3)在 DO WHILE…ENDDO 的循环结构中,下列叙述正确的是(　　　)

A. 循环体的 LOOP 和 EXIT 语句的位置是固定的

B. 在程序中应加入控制循环结束的语句

C. 执行到 ENDDO 时,首先判断表达式的值,然后再返回 DO WHILE 语句

D. 循环体的 LOOP 语句为跳出循环体

(4)在 Visual FoxPro 中,如果希望跳出 SCAN … ENDSCAN 循环体,执行 ENDSCAN 后面的语句,应使用(　　)语句。

A. LOOP                  B. EXIT                  C. BREAK                  D. RETURN

(5)执行如下程序,最后 S 的显示值为(　　　)。

```
S = 0
I = 5
X = 11
DO WHILE S < = X
    S = S + I
    I = I + 1
ENDDO
? S
```

A. 5                  B. 11                  C. 18                  D. 26

(6)在 DO WHILE…ENDDO 的循环结构中,LOOP 语句的作用是(　　　)。

A. 退出过程,返回程序开始处

B. 转移到 DO WHILE 语句行,开始下一个判断和循环

C. 终止循环,将控制转移到本循环结构 ENDDO 后面的第一条语句继续执行

D. 终止程序执行

(7)Visual FoxPro 中的 DO CASE…ENDCASE 语句属于(　　　)。

A. 顺序结构　　　　　B. 循环结构　　　　　C. 选择结构　　　　　D. 模块结构

(8) 有以下程序段：

```
DO CASE
    CASE 计算机 < 60
        ?"计算机成绩是:" + "不及格"
    CASE 计算机 > = 60
        ?"计算机成绩是:" + "及格"
    CASE 计算机 > = 70
        ?"计算机成绩是:" + "中"
    CASE 计算机 > = 80
        ?"计算机成绩是:" + "良"
    CASE 计算机 > = 90
        ?"计算机成绩是:" + "优"
ENDCASE
```

若当前记录的"计算机"字段的值是 89，执行上面程序段之后，屏幕输出(　　　)。

A. 计算机成绩是:不及格　　　　　　　　B. 计算机成绩是:优

C. 计算机成绩是:良　　　　　　　　　　D. 计算机成绩是:及格

2. 填空题

(1)
```
    S = 0
    I = 2
    X = 10
    DO WHILE I < = X
        S = S + I
        I = I + 2
    ENDDO
    ? S
```

运行结果: _____

(2)
```
    X = "计算机等级考试"
    Y = ""
    L = LEN(X)
    DO WHILE L > = 1
        Y = Y + SUBSTR(X, L - 1, 2)
        L = L - 2
    ENDDO
    ?? Y
```

运行结果: _____

（3）　K = 12345

      S = 0

      DO WHILE K > 0

           S = S + MOD(K,10)

           K = INT(K/10)

      ENDDO

      ? S

运行结果：_____

（4）　X = 9

      DO WHILE .T.

           X = X − 3

           IF X < 0

                EXIT

           ENDIF

           ?? X * X

      ENDDO

运行结果：_____

（5）执行下列语句

X = 2500

DO CASE

    CASE X < 1000

        Y = 5/100

    CASE X > 1000

        Y = 10/100

    CASE X > 2000

        Y = 15/100

    CASE X > 3000

        Y = 20/100

    ENDCASE

    ? Y

运行结果：_____

（6）为了通过键盘接收用户输入的字符型数据，可使用命令 _____ ；若要通过键盘接收用户输入的任意数据类型，可使用命令 _____ 。

# 实训 4.2　多模块程序

## 一、实训目标

通过本次实训,要求学生熟练掌握程序调用的方法;掌握程序调用中的参数传递;理解并掌握多模块程序中内存变量的作用域及 PRIVATE 命令的使用。

## 二、知识要点

### 1. 模块的概念

将一个应用程序划分为多个功能相对简单的模块,不仅便于程序的开发,也利于程序的阅读和维护。

模块是一个功能相对独立的程序段,可以被其他模块调用,也可调用其他模块。把被其他模块调用的模块称之为子程序,调用其他模块而没有被其他模块调用的模块称之为主程序。

### 2. 模块的定义

模块可以是程序文件,也可以是过程。过程定义的格式如下:

　　　PROCEDURE|FUNCTION　<过程名>

　　　　　　　<命令序列>

　　　　　［RETURN［<表达式>］］

　　　　　［ENDPROC|ENDFUNC］

**注意:**

(1)过程可以存储在称为过程文件的单独文件中,也可以包含在程序文件中,但必须要放在程序文件代码的后面;

(2)过程文件中只包含过程,这些过程能被任何其他程序所调用。

### 3. 模块的调用

格式 1:DO　<文件名>|<过程名>

格式 2:<文件名>|<过程名>()

**注意:**

(1)如果模块是程序文件的代码,用<文件名>(不包括扩展名),否则用<过程名>;

(2)格式 2 可以作为命令使用(返回值被忽略),也可作为函数出现在表达式中;

(3)在调用过程文件中的过程之前首先要打开过程文件,命令格式为

　　　SET PROCEDURE TO［<过程文件 1>］

(4)过程调用结束后,应使用 SET PROCEDURE TO 命令关闭过程文件以释放内存。

### 4. 参数传递

模块程序可以接收调用程序传递过来的参数,并能根据接收到的参数控制程序流程或对接收到的参数进行处理,从而提高模块程序功能设计的灵活性。

（1）接收参数的命令。有如下两种格式。

格式 1：PARAMETERS ＜形参变量 1 ＞［，＜形参变量 2 ＞，…］

格式 2：LPARAMETERS ＜形参变量 1 ＞［，＜形参变量 2 ＞，…］

**注意：**

①两种命令的不同在于格式 1 中声明的形参变量被看作是模块中建立的私有变量，格式 2 中声明的形参变量被看作是模块中建立的局部变量；

②不管是 PARAMETERS 还是 LPARAMETERS 命令，都应该是模块程序的第一条可执行命令。

（2）调用模块程序的命令。有如下两种格式。

格式 1：DO ＜文件名＞｜＜过程名＞ WITH ＜实参 1 ＞［，＜实参 2 ＞，…］

格式 2：＜文件名＞｜＜过程名＞（＜实参 1 ＞［，＜实参 2 ＞，…］）

**注意：**

①实参可以是常量、变量，也可以是一般形式的表达式（即用（）括起来的变量），调用模块程序时，系统会自动把实参传递给对应的形参变量；

②形参的数目不能少于实参的数目，否则系统会产生运行时错误，如果形参的数目多于实参的数目，多余的形参为 .F.。

（3）参数传递方式。有按值传递和按引用传递两种方式。

采用格式 1 调用模块程序时，有两种参数传递方式。

①若实参是常量或一般形式的表达式，系统会计算实参的值并把其赋值给相应的形参变量，这种情形称为按值传递，按值传递是单向传递，形参变量值的改变不会影响实参变量的取值。

②若实参是变量，那么传递的是变量的地址，此时的形参和实参实际上是同一个变量（尽管它们的名字可能不同），形参变量值改变时，实参变量随之改变。这种情形称为按引用传递。按引用传递是双向传递。

采用格式 2 调用模块程序时，默认情况是按值传递参数。如果实参是变量可以通过如下命令重新设置参数传递的方式：

SET UDFPARAMS TO VALUE｜REFERENCE

其中，TO VALUE 指按值传递，TO REFERENCE 指按引用传递。

5. 变量的作用域

变量的作用域是指变量在什么范围内是有效的或能够被访问。在 Visual FoxPro 中，若以变量的作用域来分，内存变量可分为公共变量、私有变量和局部变量 3 类。其中，公共变量和局部变量必须先定义后使用。

（1）公共变量。是指在任何模块中都可使用的变量，可用 PUBLIC 命令显式说明：

PUBLIC ＜内存变量表＞

**注意：**

①刚建立的公共变量初值为 .F.；

②公共变量一旦建立就一直有效，只有执行 CLEAR MEMORY、RELEASE 命令或关闭

Visual FoxPro 后,公共内存变量才被清除;

③在命令窗口中通过内存变量赋值语句建立的变量也是公共变量。

(2)局部变量。是指仅能在建立它的模块中使用的变量。可用 LOCAL 命令显式说明:

LOCAL ＜内存变量表＞

**注意:**

①刚建立的局部变量初值为. F. ;

②当建立它的模块程序运行结束时,局部变量自动释放;

③该命令与 LOCATE 前 4 个字母相同,故命令动词不能缩写。

(3)私有变量。在程序中使用(没有通过 PUBLIC 和 LOCAL 命令事先声明)而由系统自动隐含建立的变量都是私有变量。其作用域是建立它的模块及其下属模块。一旦建立它的模块程序运行结束,这些私有变量将自动清除。

(4)PRIVATE 命令。在子程序或模块中使用该命令,可以隐藏上级程序中的同名变量,使得这些变量在当前模块中暂时无效。

## 三、实训环境

每名学生配备一台已安装了 Windows XP 或以上版本及 Visual FoxPro 6. 0 的计算机。

## 四、实训内容

1. 阅读并分析程序 M1. PRG 的运行结果

```
* 主程序 M1. PRG * * *              * 子程序:SUB1. PRG * * *
STORE 2 TO X1,X2,X3                X2 = X2 + 1
X1 = X1 + 1                        DO SUB2
DO SUB1                            X1 = X1 + 1
? X1 + X2 + X3                     RETURN
RETURN                            * 子程序:SUB2. PRG * * *
                                   X3 = X3 + 1
                                   RETURN TO MASTER
```

分析:在主程序中,$X1$ 的值已改变为 3,调用子程序 SUB1 后,$X2$ 的值也变为 3;子程序 SUB1 又调用子程序 SUB2,但调用结束后返回到主程序,故 $X3$ 的值为 3。

程序 M1. PRG 的运行结果如下:

9

2. 阅读并分析程序 M2. PRG 的运行结果

```
* M2. PRG
X = 10
M = 2
N = 3
DO SUB WITH M,N
```

```
DO SUB WITH M,N
PROCEDURE SUB
PARAMETERS M,N
X = M + 10
M = M + N
? X,M,N
RETURE
```

分析:在主程序中,因为使用 DO 命令调用过程并且 M、N 为变量,故参数传递为按引用传递。

程序 M2.PRG 的运行结果如下:

$$12 \qquad 5 \qquad 3$$
$$15 \qquad 8 \qquad 3$$

3. 阅读并分析程序 M3.PRG 的运行结果

```
* M3.PRG
CLEAR
A = 10
B = 20
SET UDFPARMS TO REFERENCE        && 设置按引用传递
DO SQ WITH(A),(B)
? A,B
PROCEDURE SQ
PARAMETERS X1,Y1                 &&SQ 为过程
X1 = X1 * X1
Y1 = 2 * X1
RETURN
```

分析:在该程序中,实参变量(A),(B)是一般形式的表达式,故总是按值传递,形参 X1,Y1 值的改变并不影响实参的值。

程序 M3.PRG 运行结果如下:

$$10 \qquad 20$$

4. 阅读并分析程序 M4.PRG 的运行结果

```
* M4.PRG
CLEAR
STORE 3 TO X
STORE 5 TO Y
PLUS((X),Y)
? X,Y
PROCEDURE PLUS                   &&PLUS 为过程
```

```
PARAMETERS A1,A2
A1 = A1 + A2
A2 = A1 + A2
RETURN
```

分析:实参变量($X$)是一般形式的表达式,故总是按值传递,形参变量 $A1$ 值的改变不会影响实参变量 $X$ 的值。

程序 M4. PRG 运行结果如下:

$$3 \qquad\qquad 13$$

5. 阅读并分析程序 M5. PRG 的运行结果

```
* M5.PRG
X1 = 20
X2 = 30
SET UDFPARMS TO VALUE        && 设置按值传递
DO TEST WITH X1,X2
? X1,X2
PROCEDURE TEST               &&TEST 为过程
PARAMETERS A,B
X = A
A = B
B = X
```

分析:程序中虽然设置了按值传递参数,但该命令对用 DO 命令调用模块无影响,程序中的参数按引用传递,形参变量 $A,B$ 的值改变时,实参 $X1,X2$ 的值随之改变。

程序 M5. PRG 的运行结果如下:

$$30 \qquad\qquad 20$$

6. 阅读并分析 M6. PRG 的运行结果,理解 PRIVATE 命令的作用

```
* M6.PRG
X = 10
Y = 15
DO SUB
? X,Y
PROCEDURE SUB
PRIVATE X
X = 50
Y = 100
? X,Y
```

分析:过程 SUB 中的 PRIVATE 命令屏蔽了主程序中的同名变量,故在过程中改变的 $X$ 值在返回到主程序后不起作用。

程序 M6. PRG 的运行结果如下：

|   |   |
|---|---|
| 50 | 100 |
| 10 | 100 |

7. 阅读并分析 M7. PRG 的运行结果，理解变量的作用域

```
* M7. PRG
CLEAR
PUBLIC X,Y
SET PROCEDURE TO KK              && 打开过程文件 KK
X = 20
Y = 50
DO A1
? X,Y
SET PROCEDURE TO                 && 关闭过程文件
* 过程序文件 KK. PRG
PROCEDURE A1
PRIVATE X
X = 30
LOCAL Y
DO A2
? X,Y
PROCEDURE A2
X = "KKK"
Y = "MMM"
```

分析：X、Y 是全局变量，在整个程序中有效；在过程 A1 中的 PRIVATE 命令 能屏蔽主程序中用 PUBLIC 定义的同名变量 X，当调用结束返回主程序后，主程序中的 X 恢复作用；LO-CAL 定义局部变量，作用域为本过程。

程序 M7. PRG 的运行结果如下：

```
KKK .F.
        20 MMM
```

## 五、课外练习

1. 单选题

(1)Visual FoxPro 中用于建立或修改过程文件的命令是(    )。

A. MODIFY ＜过程文件名＞            B. MODIFY COMMAND ＜过程文件名＞

C. CREATE PROCEDURE ＜过程文件名＞    D. MODIFY PROCEDURE ＜过程文件名＞

(2)在某个程序模块中使用命令 PUBLIC X1 定义了一个内存变量，则变量 X1(    )。

A. 可以在该程序的所有模块中使用

B. 只能在定义该变量的模块中使用

C. 只能在定义该变量的模块及其上层模块中使用

D. 只能在定义该变量的模块及其下属模块中使用

(3) 下列程序的运行结果为( )。

    X = 2 PROCEDURE SUB1

    Y = 3 PRIVATE Y

    ? X,Y X = 4

    DO SUB1 Y = 5

    ?? X,Y

A.2　3　4　5　　　　　　　　　　B.2　3　4　3

C.4　5　4　5　　　　　　　　　　D.2　3　2　3

(4) 下列关于过程调用的陈述中,正确的是( )。

A. 形参与实参的数量必须相等

B. 当形参的数量多于实参的数量时,多余的形参取逻辑假

C. 当实参的数量多于形参的数量时,多余的实参被忽略

D. 上面的 B 和 C 都对

2. 填空题

(1) 在 Visual FoxPro 中,按照变量的作用域可将内存变量分为公共变量、_____ 和局部变量 3 类。

(2) 在 Visual FoxPro 中,如果要在子程序中创建一个只在本程序中使用的变量 X1(不影响上级或下级的程序),应该使用_____ 命令说明变量。

# 第 5 章　表单设计

表单(Form)是 Visual FoxPro 提供的用于建立应用程序界面的最主要的工具之一。表单中可以包含命令按钮、文本框、列表框和标签等界面元素,产生标准和窗口或对话框。

在 Visual FoxPro 的表单设计中处处体现面向对象的思想和方法。类和对象都是面向对象程序设计思想的核心内容,面向对象程序设计方法是在结构化程序设计思想的基础上发展起来的。

## 实训 5.1　类和对象的创建及操作

### 一、实训目标

理解类和对象的概念及关系;掌握类和对象的创建方法;掌握类的属性、事件和方法的建立和修改;掌握对象的属性、事件和方法的操作;掌握类库的管理方法。

### 二、知识要点

1. 面向对象程序设计思想

面向对象程序设计思想体现了客观世界的实际并符合人们的思维方式。

(1)客观世界中的每个事物都有其自身的特征,这些特征包含静态特征(属性)和动态特征(行为)两方面。例如一台电视机有颜色、品牌、型号和屏幕大小等静态特征,还有选台、调节音量、开机和关机等动态特征。反映到面向对象程序设计中,就把具体的事物抽象成为对象,其静态特征用一组数据来描述,其动态特征用一组方法来描述。

(2)对事物进行分类,将同类事物的共性提取出来表示该类事物。例如把人类的共性提取出来就有性别、年龄、体重和身高等静态特征,还有呼吸、饮食和行动等动态特征。在面向对象程序设计中,用类来表示一组具有相同属性和方法的对象。

(3)不同事物之间会发生行为联系。例如汽车遇到交通灯的红灯时就会停车,这说明不同事物之间会通过发送消息来改变自身的行为。对应到面向对象程序设计中,就是类之间通过发送消息进行通信。

(4)客观世界中复杂的事物常常是由许多简单的事物构成的。例如一辆汽车由车轮、车身、发动机和传动系统等部分构成,其中每一个部分又可以分解成更简单的部分。对应到面向对象程序设计中,就是一个复杂的类可由多个简单的类组成。

在面向对象程序设计中,程序员的主要工作是分析系统、设计和定义类。由于类是完整和独立的单元,其他开发者可以将常用的类复用到多个系统中,这样大大降低了开发系统的工作量,提高了软件开发的效率和质量。

Visual FoxPro 支持结构化程序设计,也提供面向对象的程序设计方法。其面向对象部分为开发应用系统提供了更多的控件,从而提高了应用系统开发的灵活性和快捷性。

2.基本概念

对象(Object)是对客观事物属性及行为特征的描述。每个对象都有自己的属性,还有自己的行为。如 Visual FoxPro 中的表单及表单中的控件都是应用程序中的对象,用户通过修改其属性、事件和方法程序来处理对象。

类是具有相同属性和行为特征的对象的集合。类具有继承性。

在面向对象程序设计中,类和对象都是最基本的概念,两者有联系也有区别:类是对象的模板,对象是类的实例。

属性用来描述对象的结构、外观和行为。Visual FoxPro 中的表单和控件都包含有自身的特有属性。

事件是一种预先定义好的特定动作,由用户或系统触发:在 Visual FoxPro 中可以触发事件的用户动作有单击(Click)、双击(DblClick)等;由程序代码或系统触发的有 Init 事件等。

方法是对象能够执行的一个操作,是与对象相关联的过程。方法实际上就是对象的内部函数,每个类型的对象都有其自身的方法集。

方法集可以无限扩展;事件集是固定的,用户不能定义新的事件。

3.容器和控件

类可分为容器类和控件类两种类型。相应地可分别生成容器对象和控件对象。

容器可以作为其他对象的父对象,控件可以包含在容器中。对于这样的包含关系,在引用对象时会经常用到表 5 - 1 - 1 中的关键字或属性。

表 5 - 1 - 1　　容器层次中引用对象的关键字或属性

| 关键字或属性 | 引用 |
| --- | --- |
| Parent | 当前对象的直接容器对象 |
| This | 当前对象 |
| ThisForm | 当前对象所在的表单 |
| ThisFromSet | 当前对象所在的表单集 |

对象引用可以采用绝对引用格式,即从顶层对象开始逐层引用对象,也可以使用相对引用格式,即从当前对象开始引用其他对象。

4.类和对象的定义

依据不同的类创建的对象具有不同的属性和行为,创建对象依据的类是该对象的基类。Visual FoxPro 提供了 30 多种基类,在基类的基础上可以定义新类。

1)类的定义

可通过新建类对话框定义类,也可在命令窗口中使用如下命令定义:

```
CREATE CLASS <类名>
```

　　不管采用哪种方法,系统都会首先打开"新建类"对话框,如图 5 - 1 - 1 所示。用户要在其中指明新类的名称、新类派生于哪个类(即新类的父类)以及保存该类的类库。

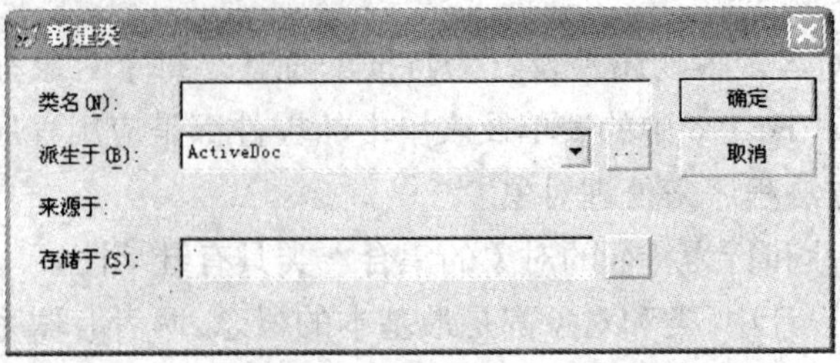

图 5 - 1 - 1　"新建类"对话框

　　一个类的父类可以是 Visual FoxPro 提供的某个基类,也可以是用户自定义类。如果父类是某个基类,则可直接在"派生于"下拉列表中选择指定;如果父类是一个自定义类,则可先单击右侧的 ··· 按钮,在弹出的"打开"对话框中指定类库及类库中要作为新类父类的类。

　　如果在"存储于"框中指定的类库不存在,系统将自动建立该类库;如果指定的类库已存在,新建类将添加到该类库中。

　　2)对象的定义

　　对象的创建可以通过 CRETAEOBJECT 函数来完成,该函数的格式如下:

　　　　CRETAEOBJECT ( " < 类名 > " [ , < 参数 1 > , < 参数 2 > , …] )

　　该函数基于指定的类生成一个对象,并返回对象的引用。通常把函数返回的对象引用赋给某个变量,然后通过该变量来标识对象,访问对象属性及调用对象方法。

　　5. 类库的管理

　　(1)创建类库。在命令窗口执行如下命令创建新类库:

　　　　CREATE CLASSlib < 类库名 >

　　(2)可在新建类库中创建类。

　　(3)重命名类。执行如下命令可实现类的重命名:

　　　　RENAME CLASS < 旧类名 > OF < 类库 > TO < 新类名 >

　　(4)删除类。执行如下命令可删除类:

　　　　REMOVE CLASS < 类名 > OF < 类库 >

## 三、实训环境

每名学生配备一台已安装了 Windows XP 或以上版本及 Visual FoxPro 6. 0 的计算机。

## 四、实训内容

1. 通过项目管理器创建类

在学生成绩管理. pjx 中创建一个新类 class2,存储于 class,派生于 CommandButton。

操作步骤如下。

(1)打开学生成绩管理. pjx,在"类"选项卡中单击"新建"按钮,打开新建类对话框。

（2）在"类名"后的文本框中输入：class2，在"派生于"下拉列表框中选择基类名或父类名 CommandButton，在"存储于"后的文本框中输入类库名：class。如图 5 - 1 - 2 所示。

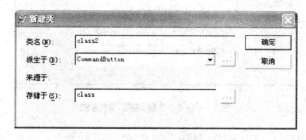

**图 5 - 1 - 2 新建类 class2**

（3）单击"确定"按钮，则打开"类设计器"窗口，新建类显示如图 5 - 1 - 3 所示。

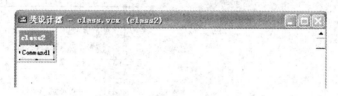

**图 5 - 1 - 3 "类设计器"窗口**

（4）在"类设计器"窗口中设计类时，若不改变父类的属性、事件和方法，则新类 class2就完成定义，同时被保存在类库 class 中，供以后使用；如果要修改父类的属性、事件和方法，或给新类添加新的属性、事件和方法，则要在类设计器窗口中进一步的操作。具体操作见本实训后面的内容。

也可以在命令窗口中输入如下命令创建类：

CREATE CLASS CLASS2

2. 扩展 Visual FoxPro 基类 Form

创建一个名为 myform 的自定义表单类，将其保存在名为 myclasslib 的类库中。设置 myform 类的 AutoCenter 属性的默认值为. T. ，Closable 属性的默认值为. F. ；为该类添加一个 MyValue 属性，其值为 123。

操作步骤如下。

（1）执行"文件"菜单中的"新建"命令新建一个类，在打开的"新建类"对话框中指定新类的名称、父类以及类库，如图 5 - 1 - 4 所示。

（2）单击"确定"按钮打开类设计器，再执行"显示"菜单中的"属性"命令打开"属性"窗口，将新建类的 AutoCenter 属性的默认值为. T. ，Closable 属性的默认值为. F. ，如图 5 - 1 - 5 所示。

（3）执行"类"菜单中的"新建属性"命令，打开"新建属性"对话框，进行图 5 - 1 - 6 所示的设置。

（4）单击"添加"按钮即可在"属性"窗口看到新添加的属性 myvalue，初值为. F. ，将其值改为 123，保存类即可。

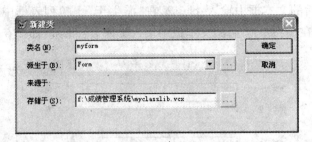

图 5 – 1 – 4  "新建类"对话框

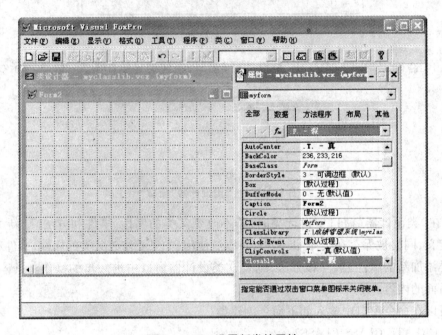

图 5 – 1 – 5  设置新类的属性

图 5 – 1 – 6  为新类添加属性

3. 类库的管理

在 F:\成绩管理系统中创建一个类库 mylib,定义存储于该类库的派生于 label 类的自定义类 mylabel1;将自定义类 mylabel1 重命名为 mylab1;删除类 mylab1。

(1)创建类库 mylib。在命令窗口执行如下命令:

    CREATE CLASSlib mylib

（2）在"新建类"对话框中,进行图 5-1-7 所示的设置,用来创建派生于基类 label 的新类 mylabel1,单击"确定"按钮,打开类设计器,将类 mylabel1 保存于 mylib 类库中。

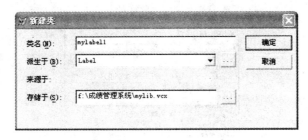

**图 5-1-7   新建类** mylabel1

（3）重命名类。在命令窗口执行如下命令将类 mylabel1 重命名为 mylab1：

  RENAME CLASS  MYLABEL1 OF MYLIB TO MYLAB1

命令执行后,可打开 mylib 类库查看,结果如图 5-1-8 所示。

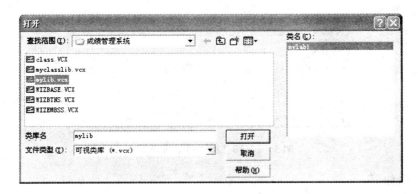

**图 5-1-8   重命名类**

（4）删除类 mylab1。在命令窗口执行如下命令可以删除 mylab1 类。

  REMOVE CLASS MYLAB1 OF MYLIB

**4. 类属性的建立与修改**

将创建的新类 class2 的 Caption 属性改为：退出。ForeColor 属性改为：红色。FontSize 属性改为：18。

操作步骤如下。

（1）在项目管理器窗口的"类"选项卡中选择 class 中的 class2,单击"修改"按钮,打开"类设计器"窗口。

（2）右击 Command1,在弹出的快捷菜单中选择"属性"命令,打开类"属性"对话框,设置 class2 的 Caption 属性值为：退出。ForeColor 属性值为：255,0,0。FontSize 属性值为：18,如图 5-1-9 所示。

（3）设置完成后的效果如图 5-1-10 所示。

**5. 类的方法、事件的建立与修改**

给新定义的类 class2 添加 Click 事件代码：THISFORM. RELEASE。

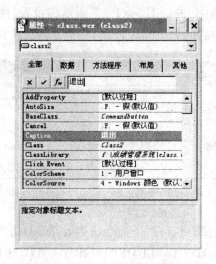

**图 5 - 1 - 9　设置类的属性**

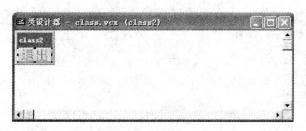

**图 5 - 1 - 10　类属性的设置结果**

操作步骤如下。

（1）打开 class2 类，在"类设计器"窗口中，执行"显示"菜单中的"代码"命令，打开 class2. Click 事件的代码编辑窗口。

（2）选择对象为 class2，过程为 Click，输入图 5 - 1 - 11 所示的过程代码。

**图 5 - 1 - 11　设计类的 Click 事件代码**

（3）退出代码编辑窗口，保存类，完成操作。

**6. 对象的创建及属性、方法和事件的操作**

创建一个名为 form1 的表单对象，在该表单中包含一个命令按钮，标题为"关闭"。当单击该命令按钮时，触发 Click 事件，弹出一个包含"是"和"否"两个选项的对话框，在其中选择"是"时退出表单，否则不退出表单。

操作步骤如下。

（1）打开学生成绩管理. pjx，在"代码"选项卡中新建一个程序，名为 ABC. PRG。

（2）在该程序文件的编辑窗口中设置对象的属性、方法和事件,程序代码如下:

```
* 由类创建对象并对对象进行操作
Form1 = CretaeObject("myform")
Form1.show(1)
*定义 myform 类,派生于 form
Define class myform as form
*定义类的属性
Visible = .t.
BackColor = rgb(0,0,255)
AutoCenter = .t.
Caption = "我的表单"
* 给类添加一个标题为"关闭"的 cmd 命令按钮
Add object cmd as CommandButton with Caption = "关闭"
* 定义 cmd 的 Click 事件代码
PROCEDURE CMD.Click
X = MessageBox("关闭表单?",20,"选择操作")
If x = 6
    Thisform.Release
Endif
ENDDEFINE
```

（3）运行程序 ABC.PRG,结果如图 5 – 1 – 12 所示。

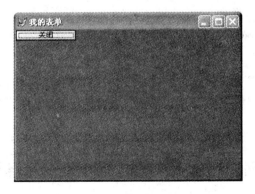

**图 5 – 1 – 12　程序运行结果**

（4）单击"关闭"按钮,弹出图 5 – 1 – 13 所示的选择操作对话框。单击"是"按钮退出表单,单击"否"按钮保留表单。

图 5 – 1 – 13　程序运行操作窗口

## 五、课外练习

### 1. 单选题

（1）在 Visual FoxPro 中，下面关于属性、方法和事件的叙述错误的是（　　　）。

A. 属性用于描述对象的状态，方法用于表示对象的行为

B. 基于同一个类产生的两个对象可以分别设置自己的属性值

C. 事件代码也可以像方法一样被显式调用

D. 在创建一个表单时，可以添加新的属性、方法和事件

（2）在 Visual FoxPro 中，可视类库文件的扩展名为（　　　）。

A. DBF　　　　　　　　B. SCX　　　　　　　　C. VCX　　　　　　　　D. DBC

### 2. 填空题

（1）类可分为_____ 类和_____ 类两种类型。

（2）可在命令窗口中使用_____命令定义类。

### 3. 上机操作题

扩展 Visual FoxPro 基类 TextBox，创建一个名为 MyTextBox 的自定义类，将其保存在 F：\成绩管理系统\myclasslib 类库中。在自定义类中将 Height 属性设置为 25，Width 属性的默认值设置为 120。

# 实训 5.2　表单向导和表单设计器

## 一、实训目标

通过本次实训，要求学生熟练掌握表单向导的使用；熟练掌握表单生成器创建快速表单的方法；熟练掌握表单设计器的基本使用方法。

## 二、知识要点

### 1. 表单的定义

表单是 Visual FoxPro 应用程序与用户之间进行数据交换和人机对话的界面,它属于容器控件,是控件、方法、事件的载体。用户可以根据需要在表单上添加控件,编写方法程序;还可以直观地通过表单对数据、文本及其他各类控件进行操作。

### 2. 创建表单

（1）利用表单向导创建表单。Visual FoxPro 提供两种表单向导:一是基于单表的表单向导;另一种是一对多表单向导,可创建基于两个具有一对多关系的表的表单。

（2）利用表单设计器创建新表单或修改已有表单。表单设计器是创建和修改表单的最常用可视化工具。尤其是在表单设计器环境下,使用快速表单(即表单生成器)可以快捷创建简单表单。

在命令窗口执行如下命令可以打开表单设计器创建新表单:

**CREATE FORM** ＜表单名＞

执行如下命令可打开已有表单及其表单设计器(若表单不存在,系统自动建立):

**MODIFY FROM** ＜表单文件名＞

不论采用哪种方式创建的表单均以扩展名为. SCX 的文件保存。

在实际应用中,通常先使用表单向导创建一个简单表单,然后再使用表单设计器对其进行进一步的设计和美化。

### 3. 表单设计器

当新建或打开一个表单文件时,表单设计器会随之打开。此时还会打开相关的属性窗口、表单控件工具栏和表单设计器工具栏。同时,在主菜单栏中会出现"表单"菜单项。如图 5 - 2 - 1 所示。相关工具栏可通过"显示"菜单显示或隐藏。

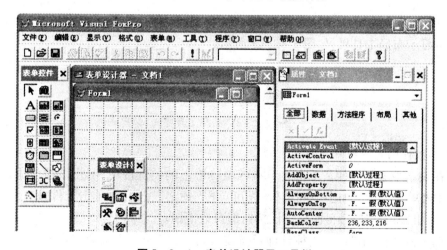

**图 5 - 2 - 1　表单设计器及工具栏**

其中,属性窗口包括对象框、属性设置框和属性、方法、事件列表框,在其中可进行各控件的属性设置。

4. 表单工具栏

（1）表单设计器工具栏。如图 5 - 2 - 2 所示，从左到右依次为：设置 Tab 键次序、数据环境、属性窗口、代码窗口、表单控件工具栏、调色板工具栏、布局工具栏、表单生成器和自动格式按钮。

图 5 - 2 - 2　布局工具栏

（2）表单控件工具栏。包括 Visual FoxPro 提供的标准控件，如表 5 - 2 - 1 所示。

表 5 - 2 - 1　控件按钮及其说明

| 按钮图标 | 说　明 | 按钮图标 | 说　明 | 按钮图标 | 说　明 |
|---|---|---|---|---|---|
| A | 标签 | | 组合框 | OLE | OLE 控件 |
| | 文本框 | | 列表框 | OLE | OLE 捆绑控件 |
| | 编辑框 | | 微调控件 | | 线条 |
| | 命令按钮 | | 表格 | | 形状 |
| | 命令按钮组 | | 图像 | | 容器控件 |
| | 选项按钮组 | | 计时器 | | 分隔符 |
| | 复选框 | | 页框 | | 超级链接 |

（3）布局工具栏。精确调整表单中控件的大小和位置。执行"显示"菜单的"布局工具栏"命令可显示布局工具栏，如图 5 - 2 - 3 所示。

图 5 - 2 - 3　布局工具栏

5. 表单控件的基本操作与布局

（1）在表单中添加控件。单击表单控件工具栏上的控件按钮，可将该控件添加到表单上；若要在表单上连续添加多个同类控件，可单击"锁定"按钮，再单击控件按钮，然后在表单中连续添加，添加完毕后再次单击该按钮即可取消锁定。

（2）选定控件。用鼠标单击控件即可选定控件，此时控件周围会出现 8 个控点。若要选定多个控件，可在按下【Shift】键的同时，用鼠标分别单击需要选定的控件即可。如果是选择多个相邻的控件，还可以按住鼠标左键拖动鼠标进行框选。

（3）移动控件。先选定控件，用鼠标将其拖到合适位置。也可选定要移动的控件，用键盘上的方向键进行移动。

（4）复制控件。先选定控件,再执行"编辑"菜单中的"复制"和"粘贴"命令。

（5）改变控件大小。选定控件,然后拖动控件四周的某个控点可以改变控件的高度和宽度。

（6）删除控件。选定控件后,单击键盘上的【Delete】键即可删除选定的控件。

（7）控件布局。要调整控件布局,首先选择这些控件,再单击布局工具栏上的相应按钮。布局工具栏上的按钮功能如表 5 – 2 – 2 所示。

表 5 – 2 – 2　布局工具栏的按钮功能描述

| 按钮 | 按钮名称 | 说　明 |
|---|---|---|
| | 左边对齐 | 按最左边界对齐选定控件。当选定多个控件时可用 |
| | 右边对齐 | 按最右边界对齐选定控件。当选定多个控件时可用 |
| | 顶边对齐 | 按最上边界对齐选定控件。当选定多个控件时可用 |
| | 底边对齐 | 按最下边界对齐选定控件。当选定多个控件时可用 |
| | 垂直居中对齐 | 按照一垂直轴线对齐选定控件的中心。当选定多个控件时可用 |
| | 水平居中对齐 | 按照一水平轴线对齐选定控件的中心。当选定多个控件时可用 |
| | 相同宽度 | 把选定控件的宽度调整到与最宽控件的宽度相同 |
| | 相同高度 | 把选定控件的高度调整到与最高控件的高度相同 |
| | 相同大小 | 把选定控件的尺寸调整到最大控件的尺寸 |
| | 水平居中 | 按照通过表单中心的垂直轴线对齐选定控件的中心 |
| | 垂直居中 | 按照通过表单中心的水平轴线对齐选定控件的中心 |
| | 置前 | 把选定控件放置到所有其他控件的前面 |
| | 置后 | 把选定控件放置到所有其他控件的后面 |

6. 同时设置多个控件的属性

选定多个控件后,属性窗口中的对象框中显示:多重选定。此时在属性栏中显示当前选定控件的共有属性,修改这些共有属性即同时修改这些控件的属性,如图 5 – 2 – 4 所示。

7. 表单的数据环境

为表单建立数据环境,可以方便设置控件与数据之间的绑定关系。数据环境中能够包含表、视图及表之间的关联。在通常情况下,数据环境中的表、视图和关联会随着表单的运行而打开或建立,并随着表单的关闭而关闭。

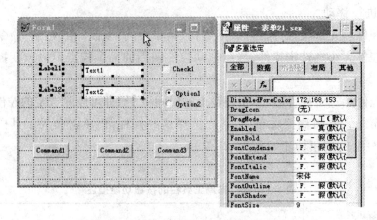

**图 5 - 2 - 4    同时修改多个控件的属性**

在表单设计器环境下,执行"显示"菜单中的"数据环境"命令可以打开"数据环境设计器"窗口,同时,主菜单栏上出现"数据环境"菜单项。

可以向数据环境添加表或视图,可以在数据环境中设置或编辑表间关联,也可以从数据环境中移去表或视图;还可以从数据环境向表单添加字段。

8. 表单的常用属性、事件和方法

表单的常用属性、事件和方法如表 5 - 2 - 3、表 5 - 2 - 4 和表 5 - 2 - 5 所示。

**表 5 - 2 - 3    表单常用属性**

| 属　性 | 说　明 | 属　性 | 说　明 |
|---|---|---|---|
| Caption | 指定表单的标题 | Name | 指定表单的名称 |
| MaxButton | 指定表单是否有"最大化"按钮 | Picture | 设置表单的背景图片 |
| MiniButton | 指定表单是否有"最小化"按钮 | TitleBar | 指定表单的标题栏是否可见 |

**表 5 - 2 - 4    表单常用事件**

| 类　别 | 事　件 | 说　明 | 事　件 | 说　明 |
|---|---|---|---|---|
| 运行时事件 | Load | 创建表单前引发 | Init | 建立对象时引发 |
| 关闭时事件 | Destroy | 释放对象时引发 | Unload | 释放表单时引发(最后一个) |
| 交互时事件 | Click | 单击表单时引发 | InteractiveChange | 改变控件值时引发 |
|  | DbClick | 双击表单时引发 | RightClick | 右击表单时引发 |

**注意:**

①运行表单时,先引发表单的 Load 事件,再引发表单的 Init 事件,在表单的 Init 事件引发之前,先引发它所包含的控件对象的 Init 事件;

②释放表单时,先引发表单的 Destroy 事件,再引发表单的 Unload 事件,在引发表单的 Destroy 事件之后,再引发它所包含的控件的 Destroy 事件。

表 5 - 2 - 5　表单常用方法

| 方　法 | 说　明 | 方　法 | 说　明 |
|---|---|---|---|
| Hide | 隐藏表单 | Show | 显示表单 |
| Refresh | 刷新表单 | Release | 释放表单 |

9. 为表单添加新的属性和方法

（1）创建新属性。执行"表单"菜单中的"新建属性"命令，打开"新建属性"对话框，如图 5 - 2 - 5 所示。在"名称"框中输入属性名称，单击"添加"按钮，新建的属性就会在属性窗口的列表框中显示，初始值为. F. ，可修改。

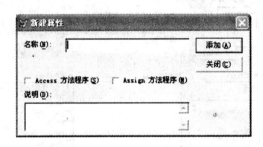

图 5 - 2 - 5　创建新属性

（2）创建新方法。执行"表单"菜单中的"新建方法程序"命令，打开"新建方法程序"对话框，如图 5 - 2 - 6 所示。在"名称"框中输入方法名，单击"添加"按钮，新建的方法会在属性窗口的列表框中显示，双击它可编辑其代码。

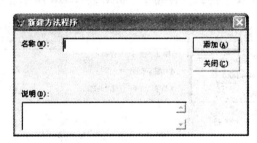

图 5 - 2 - 6　创建新方法

（3）添加的属性和方法的引用。和引用表单其他方法和属性相同。

10. 删除自定义的属性和方法

在属性窗口中右击要删除添加的属性或方法，执行快捷菜单中的"编辑属性/方法程序"命令，在打开的"编辑属性/方法程序"对话框中选择不需要的属性或方法，单击"移去"按钮即可。

### 三、实训环境

每名学生配备一台已安装了 Windows XP 或以上版本及 Visual FoxPro 6. 0 的计算机，并已完成本实训所需表的创建。

## 四、实训内容

1. 使用表单向导创建学生信息维护表单 XSWH.SCX

操作步骤如下。

（1）打开学生成绩管理.pjx，在其项目管理器的"文档"选项卡中通过表单向导新建一个表单。在打开的向导选取对话框中选择表单向导，打开"表单向导"对话框。

（2）在步骤 1 中，将 XS.DBF 的所有字段添加到"选定字段"中，如图 5-2-7 所示。

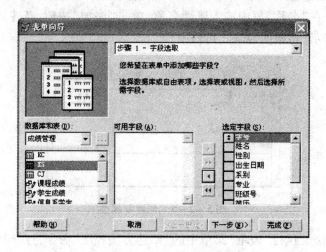

**图 5-2-7　选取字段**

（3）在步骤 2 中，选择表单样式为浮雕式，如图 5-2-8 所示。

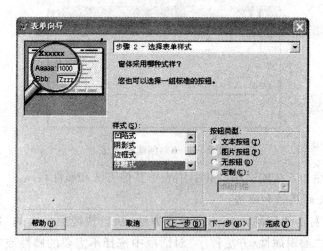

**图 5-2-8　选择表单样式**

（4）在步骤 3 中，按学号字段升序排序，如图 5-2-9 所示。

（5）在步骤 4 中，输入表单的标题：学生信息维护，如图 5-2-10 所示。

（6）单击"保存并运行表单"单选按钮。以 XSWH.SCX 为文件名保存表单。表单运行结果如图 5-2-11 所示。

**2. 使用一对多表单向导制作学生成绩表单 XSCJ. SCX**

其中，XS. DBF 为父表，CJ. DBF 为子表。

操作步骤如下。

（1）打开学生成绩管理. pjx，在"文档"选项卡中通过一对多表单向导新建一个表单，打开"一对多表单向导"对话框。在步骤 1 中，将父表 XS. DBF 的学号、姓名、性别、专业和班级号字段添加到"选定字段"，如图 5 - 2 - 12 所示。

（2）在步骤 2 中，选取子表 CJ. DBF 中的所有字段，如图 5 - 2 - 13 所示。

（3）在步骤 3 中，选择学号字段作为连接字段，如图 5 - 2 - 14 所示。

（4）在步骤 4 中，选择表单样式为浮雕式，文本按钮类型；在步骤 5 中，按学号字段升序进行记录排序。

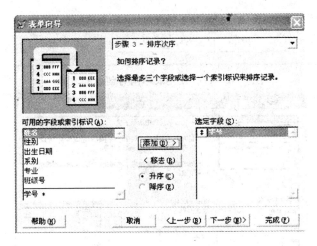

图 5 - 2 - 9  添加排序字段

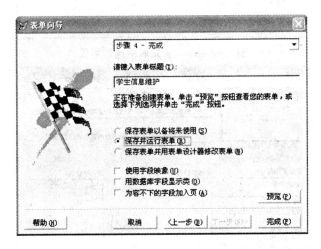

图 5 - 2 - 10  输入表单标题

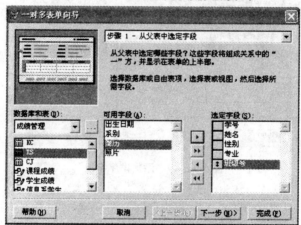

**图 5 - 2 - 11　使用表单向导创建的表单**

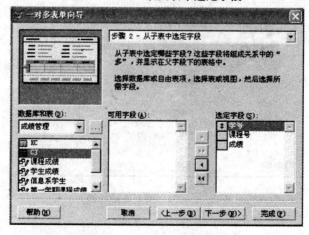

**图 5 - 2 - 12　从父表中选定字段**

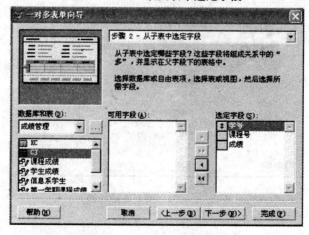

**图 5 - 2 - 13　从子表中选定字段**

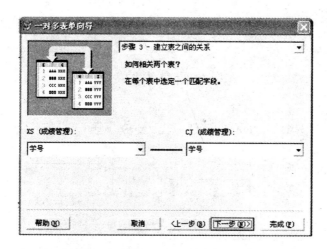

图5-2-14 建立两表之间的关系

（5）在步骤6中，输入表单标题：学生成绩浏览；选中"保存并运行表单"单选框，并以XSCJ.SCX为文件名保存表单。表单运行结果如图5-2-15所示。

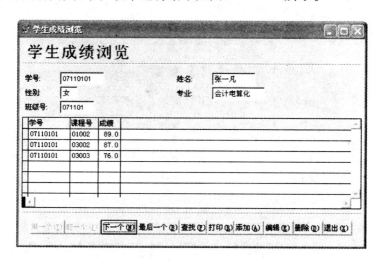

图5-2-15 使用一对多表单向导创建的表单

3. 使用表单设计器修改前面用表单向导创建的 XSWH.SCX

操作步骤如下。

（1）打开学生成绩管理.pjx，在其项目管理器的"文档"选项卡中打开 XSWH.SCX。

（2）使用布局工具栏调整各控件的布局，结果如图5-2-16所示。

（3）设置各控件属性。按住【Shift】键，分别单击学号、姓名、性别、系别、专业、出生日期、班级号、简历和照片等标签控件将它们同时选定，在属性窗口设置其 AutoSize 属性为.T.，FontSize 属性为10；设置"学生信息维护"标签的 FontName 属性为：华文行楷。

（4）保存并运行表单，运行结果如图5-2-17所示。

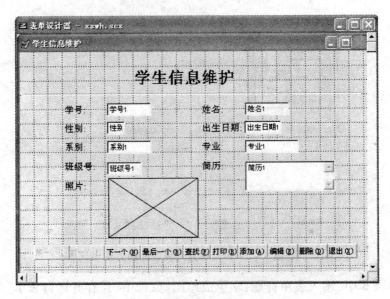

图 5 – 2 – 16　调整各控件布局后的 XSWH. SCX

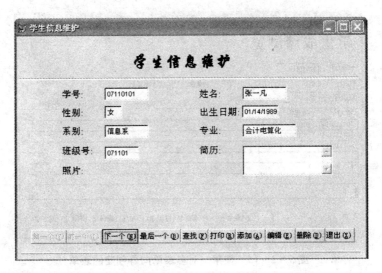

图 5 – 2 – 17　修改后的 XSWH. SCX

**4. 使用快速表单功能创建基于 KC. DBF 的 KC. SCX**

操作步骤如下。

（1）打开学生成绩管理. pjx，在其项目管理器的"文档"选项卡中新建一个表单。

（2）设置表单的 Caption 属性值为：课程信息浏览。

（3）执行"表单"菜单中的"快速表单"命令，在表单生成器对话框的"字段选取"选项卡中选择表 KC，将其所有字段添加到"选定字段"，如图 5 – 2 – 18 所示。在"样式"选项卡中选择表单样式为浮雕式。

（4）保存表单，文件名为 KC. SCX。表单运行结果如图 5 – 2 – 19 所示。

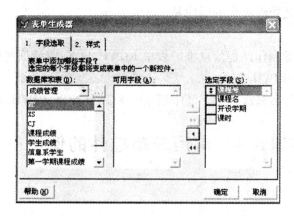

**图 5 - 2 - 18 选取字段**

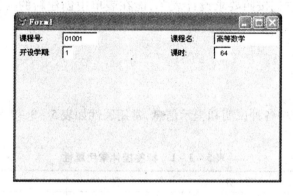

**图 5 - 2 - 19 KC.SCX 表单运行窗口**

## 五、课外练习

1. 单选题

(1)在表单设计中,经常会用到一些特定的关键字、属性和事件。下列各项中属于属性的是( )。

A. THIS　　　　　B. THISFORM　　　　C. CAPTION　　　　D. CLICK

(2)在 Visual FoxPro 中,在运行表单时最先引发的表单事件是( )事件。

A. INIT　　　　　B. LOAD　　　　　C. CLICK　　　　　D. UNLOAD

(3)下面属于表单方法名(非事件名)的是( )。

A. INIT　　　　　B. RELEASE　　　　C. DESTROY　　　　D. CAPTION

(4)为了使表单界面上的控件不可用,需将控件的( )属性设置为假。

A. DEFAULT　　　　B. ENABLED　　　　C. USE　　　　　D. ENUSE

2. 填空题

(1)在 Visual FoxPro 中要创建表单,可以使用的方法有表单向导和_____。

(2)在表单运行界面,使用鼠标单击命令按钮时,会触发命令按钮的_____事件。

（3）在表单中确定控件可见的属性是_____。

3. 上机操作题

（1）使用表单向导制作课程信息维护表单 KCWH. SCX、成绩信息维护表单 CJWH. SCX 和班级信息维护表单 BJWH. SCX。

（2）使用表单设计器修改美化上题中建立的 KCWH. SCX、CJWH. SCX 和 BJWH. SCX。

# 实训 5.3　常用表单控件的使用（一）

## 一、实训目标

通过本次实训,要求学生熟练掌握标签、命令按钮、文本框和计时器控件的常用属性设置及基本使用,能用它们按照要求设计表单;能在表单中创建新的属性和方法并能在表单中进行引用;能在表单中使用自定义类。

## 二、知识要点

### 1. 标签（Label）

常用于显示表单中各种说明和提示信息,常用属性如表 5 - 3 - 1 所示。

表 5 - 3 - 1　标签控件常用属性

| 属　性 | 说　明 | 属　性 | 说　明 |
|---|---|---|---|
| AutoSize | 自动调整标签控件的大小 | FontSize | 设置标签控件的文字大小 |
| BackStyle | 设置标签的背景是否透明 | ForeColor | 设置标签控件的文字颜色 |
| Caption | 显示标签控件的标题 | FontName | 设置标签控件的字体 |
| Name | 标签控件的名称 | | |

### 2. 命令按钮（Command）

常用于控制程序的执行过程及对表中数据的操作等,常用属性如表 5 - 3 - 2 所示。

表 5 - 3 - 2　命令按钮控件常用属性

| 属　性 | 说　明 | 属　性 | 说　明 |
|---|---|---|---|
| Caption | 设置命令按钮控件的标题 | Name | 命令按钮控件的名称 |
| Enabled | 命令按钮是否可用 | Visible | 指定对象是否可见 |

命令按钮的常用事件是 Click 事件（鼠标单击命令按钮时触发该事件）。在表单运行时,单击命令按钮触发该事件,执行其事件代码指定的操作。

### 3. 文本框（Text）

文本框控件可用于输入数据或编辑任意类型的、非备注型字段的数据。文本框控件的常用属性如表5－3－3所示。

表5－3－3　文本框的常用属性

| 属　性 | 说　明 |
| --- | --- |
| ControlSource | 为文本框指定要绑定的数据源,数据源是一个字段或内存变量 |
| InputMask | 指定在文本框中如何输入或显示数据,其值是一个字符串 |
| PasswordChar | 指定文本框中是显示用户输入的字符还是显示占位符;指定用作占位符的字符 |
| ReadOnly | 指定文本框中的信息是否为只读 |
| Value | 指定文本框中显示的值,可以是字符型(默认)、数值型、日期型或逻辑型 |

**4.计时器(Timer)**

计时器控件是利用系统时钟触发计时器的 Timer 事件来响应某个功能,在一定的时间间隔周期性地执行某些操作。该控件在设计时可见,运行时不可见。

常用属性是 Interval 属性,用来设置计时器的 Timer 事件触发的时间间隔,单位为毫秒(ms),当其值为 0 时不触发事件。

计时器的常用事件是 Timer 事件(以 Interval 为时间间隔引发)。

**5.在创建表单时使用自定义类**

在创建表单时,既可以使用 Visual FoxPro 的基类,也可以使用用户自定义类。要使用自定义类,通常应先注册自定义类所在的类库,这样,类库中的自定义类会显示在表单控件工具栏上,然后就可以像使用 Visual FoxPro 基类一样使用自定义类。也可以将注册类库和显示自定义类合成一步完成,方法如下。

单击表单控件工具栏上的“查看类”按钮,在弹出的快捷菜单中执行“添加”命令,然后在“打开”对话框中选择所需的类库文件,将其打开即可。

### 三、实训环境

每名学生配备一台已安装了 Windows XP 或以上版本及 Visual FoxPro 6.0 的计算机。

### 四、实训内容

1.在学生成绩管理.pjx 中创建欢迎界面.SCX

在该表单中不显示标题栏,运行 10 秒钟后自动关闭,进入用户登录界面。表单运行窗口如图5－3－1所示。

操作步骤如下。

(1)打开学生成绩管理.pjx,在其项目管理器的“文档”选项卡中新建一个表单。

(2)通过表单控件工具栏在表单中添加 3 个标签、1 个计时器控件。如表5－3－4所示在属性窗口中定义表单及各控件的属性。

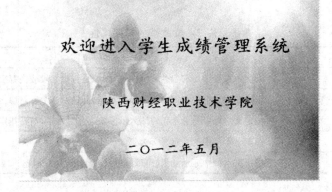

图 5 - 3 - 1   欢迎界面. SCX 的运行窗口

表 5 - 3 - 4   控件及其属性

| 控件名 | 属性名 | 属性值 | 属性名 | 属性值 |
|---|---|---|---|---|
| Form1 | TitleBar | . F. | BorderStyle | 2 - 固定对话框 |
| | MaxButton | . F. | MinButton | . F. |
| | Picture | f:\成绩管理系统\f2. jpg | AutoCenter | . T. |
| Label1、Label2 Label3 | AutoSize | . T. - 真 | BackStyle | 0 - 透明 |
| | FontName | 楷体_ GB2312 | FontBold | . T. - 真 |
| Label1 | Caption | 欢迎进入学生成绩管理系统 | FontSize | 28 |
| Label2 | Caption | 陕西财经职业技术学院 | FontSize | 22 |
| Label3 | Caption | 二○一二年五月 | FontSize | 20 |
| Timer1 | Interval | 3000 | | |

表单设计窗口如图 5 - 3 - 2 所示。

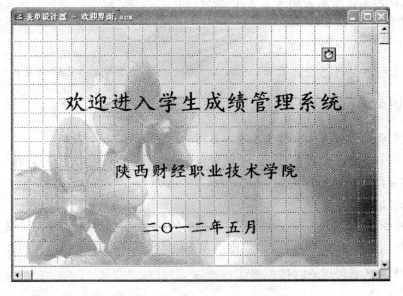

图 5 - 3 - 2   欢迎界面. SCX 的设计窗口

（3）计时器 Timer1 控件的 Timer 事件代码如下：

N = 10

N = N - 1

DO FORM 登录界面. SCX

THISFORM. RELEASE

（4）以欢迎界面. SCX 为文件名保存表单并运行表单。

2. 修改在实训 5. 2 中创建的 KC. SCX，使其能浏览所有课程的信息

表单运行结果如图 5 - 3 - 3 所示。

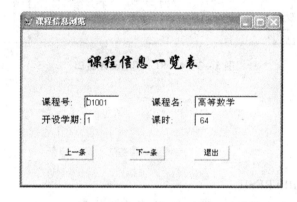

**图 5 - 3 - 3　KC. SCX 运行窗口**

操作步骤如下。

（1）打开学生成绩管理. pjx，在其项目管理器中的"文档"选项卡中打开 KC. SCX。

（2）选定表单上的所有控件，设置其 FontSize 属性值为 10；设置所有标签控件的 AutoSize 属性值为. T. 。

（3）通过表单控件工具栏在表单中添加 1 个标签、3 个命令按钮。表单及各控件的属性设置如表 5 - 3 - 5 所示。

**表 5 - 3 - 5　表单及其控件属性**

| 控件名 | 属性名 | 属性值 | 属性名 | 属性值 |
| --- | --- | --- | --- | --- |
| Form1 | Caption | 课程信息浏览 | | |
| Label1 | AutoSize | . T. - 真 | Caption | 课程信息一览表 |
| | FontName | 华文行楷 | FontSize | 20 |
| Command1 | Caption | 上一条 | | |
| Command2 | Caption | 下一条 | | |
| Command3 | Caption | 退出 | | |

（4）利用布局工具栏调整表单中各控件的布局，结果如图 5 - 3 - 4 所示。

（5）双击"上一条"命令按钮，在打开的 Click 事件代码窗口中输入如下代码：

图 5 – 3 – 4   KC. SCX 设计窗口

```
SKIP  -1
IF BOF( )
    GO TOP
ENDIF
THISFORM. REFRESH
```

（6）类似地，设置"下一条"命令按钮的 Click 事件代码：

```
SKIP
IF EOF( )
    GO BOTTOM
ENDIF
THISFORM. REFRESH
```

（7）"退出"命令按钮的 Click 事件代码为：THISFORM. RELEASE

（8）保存并运行表单，单击各个命令按钮，查看表单运行情况。

3. 在学生成绩管理系统中，合法用户进入系统后可以修改自己的登录密码

使用文本框、命令按钮等控件制作修改密码表单 XGMM. SCX，表单运行窗口如图 5 – 3 – 5。

操作步骤如下。

（1）打开学生成绩管理. pjx，在其项目管理器的"文档"选项卡中新建一个表单。

（2）使用表单控件工具栏在该表单中添加 4 个标签、3 个文本框和两个命令按钮，其相关属性如表 5 – 3 – 6 所示，可在属性窗口进行设置。

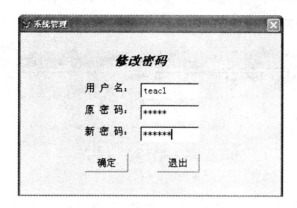

**图 5 - 3 - 5　XGMM. SCX 的运行窗口**

**表 5 - 3 - 6　表单及其控件属性**

| 控件名 | 属性名 | 属性值 | 属性名 | 属性值 |
|---|---|---|---|---|
| Form1 | Caption | 系统管理 | MaxButton | . F. - 假 |
| | MinButton | . F. - 假 | BorderStyle | 2 - 固定对话框 |
| Label1、Label2、Label3、Label4 | AutoSize | . T. - 真 | BackStyle | 0 - 透明 |
| Label1 | Caption | 修改密码 | FontSize | 16 |
| | FontItalic | . T. - 真 | | |
| Label2 | Caption | 用户名: | FontSize | 12 |
| Label3 | Caption | 原密码: | FontSize | 12 |
| Label4 | Caption | 新密码: | FontSize | 12 |
| Text1、Text2、Text3 | FontSize | 12 | | |
| Command1 | Caption | 确定 | | |
| Command2 | Caption | 退出 | | |

利用布局工具栏调整表单中各控件的布局,结果如图 5 - 3 - 6 所示。

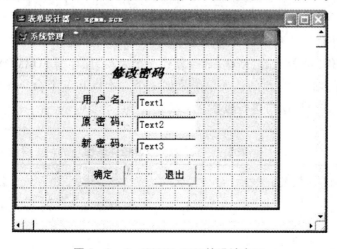

**图 5 - 3 - 6　XGMM. SCX 的设计窗口**

(3)"确定"按钮的 Click 事件代码如图 5 - 3 - 7 所示。

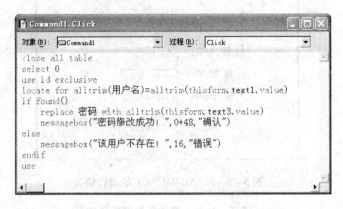

图 5 - 3 - 7 "确定"按钮的 Click 事件代码

"退出"按钮的 Click 事件代码为:THISFORM. RELEASE

(4)保存表单,文件名为 XGMM. SCX。

4. 制作表单 formone. scx

该表单上有一个文本框和一个命令按钮,两个控件为顶边对齐,设置文本框的初始值为137,宽度为60,顶边距为48,最多只接受 4 位的整数输入;表单运行时自动居中;设置命令按钮的左边距为48。单击"调整"按钮时,表单的高度为文本框中显示的值,结果如图5 - 3 - 8 所示。

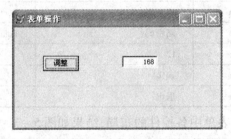

图 5 - 3 - 8 表单运行结果

操作步骤如下。

(1)执行"文件"菜单中的"新建"命令新建一个表单,保存为 FORMONE. SCX。

(2)使用表单控件工具栏向该表单中添加 1 个文本框和 1 个命令按钮,其相关属性如表 5 - 3 - 7 所示,在属性窗口进行设置。

表 5 - 3 - 7 表单及其控件属性

| 控件名 | 属性名 | 属性值 | 属性名 | 属性值 |
| --- | --- | --- | --- | --- |
| Form1 | Caption | 表单操作 | AutoCenter | . T. |
| Text1 | Value | 137 | InputMask | 9999 |
| | Width | 60 | Top | 48 |
| Command1 | Caption | 调整 | Left | 48 |

利用布局工具栏调整表单中的控件布局。表单设计窗口如图 5 - 3 - 9 所示。

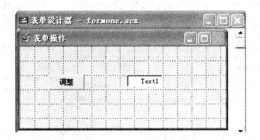

**图 5 - 3 - 9  表单设计窗口**

(3)"调整"按钮的 Click 事件代码如下：

THISFORM. HEIGHT = THISFORM. TEXT1. VALUE

(4)保存并运行表单。

5. 为表单添加属性和方法

制作 ADDSXFF. SCX,运行结果如图 5 - 3 - 10。按标签、文本框和命令按钮顺序设置表单中 3 个控件的 Tab 键次序,设置它们为顶边对齐;将标签中的字母 s 设置为访问键;为表单添加一个新属性 aa,其值为 100;新建一个名为 MYMETHOD 的方法,代码为:WAIT［文本框的值是］+ Thisform. Text1. Value Window;设置"确定"按钮的 Click 事件代码功能是调用表单的 MYMETHOD 方法。

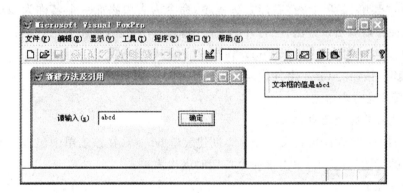

**图 5 - 3 - 10  表单运行窗口**

操作步骤如下。

(1)执行"文件"菜单中的"新建"命令新建一个表单,保存为 ADDSXFF. SCX。

(2)使用表单控件工具栏向该表单中添加 1 个标签、1 个文本框和 1 个命令按钮,其相关属性如表 5 - 3 - 8 所示,在属性窗口进行设置。

**表 5 - 3 - 8  表单及其控件属性**

| 控件名 | 属性名 | 属性值 | 属性名 | 属性值 |
|---|---|---|---|---|
| Form1 | Caption | 新建方法及引用 | | |

续表

| 控件名 | 属性名 | 属性值 | 属性名 | 属性值 |
|---|---|---|---|---|
| Label1 | Caption | 请输入(\<s) | AutoSize | .T. – 真 |
| | TabIndex | 1 | BackStyle | 0 – 透明 |
| Text1 | TabIndex | 2 | | |
| Command1 | TabIndex | 3 | Caption | 确定 |

利用布局工具栏调整表单中各控件的布局,结果如图 5 – 3 – 11 所示。

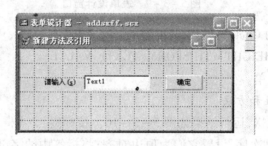

图 5 – 3 – 11    表单设计窗口

(3)执行"表单"菜单中的"新建属性"命令为表单添加一个名称为 aa 的新属性,在属性窗口中将其值修改为 100。

(4)执行"表单"菜单中的"新建方法程序"命令为表单添加一个名称为 mymehtod 的新方法。在属性窗口双击该方法,在打开的代码编辑窗口中输入如下方法代码:

WAIT［文本框的值是］+ Thisform. Text1. Value WINDOW

(5)"确定"按钮的 Click 事件代码为:THISFORM. MYMETHOD

(6)保存并运行表单。

6. 在创建表单时使用自定义类

基于实训 5.1 创建的自定义类 class2 创建表单 bd. scx,在该表单中包含一个命令按钮,该命令按钮的标题为:关闭,单击该命令按钮时退出表单。

操作步骤如下。

(1)通过"文件"菜单中的"新建"命令新建一个表单,保存为:bd. scx,显示表单控件工具栏。

(2)单击该工具栏上的 📖 按钮,在弹出的快捷菜单中选择"添加"命令,打开类库 class. vcx,此时表单控件工具栏上会显示出该类库中的所有自定义类。

(3)在表单设计器窗口中添加类 class2,设置其 Caption 属性值为:关闭,如图 5 – 3 – 12 所示。

(4)保存并运行表单。

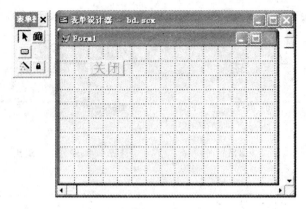

图 5 - 3 - 12　在表单中使用自定义类

## 五、课外练习

1. 单选题

（1）在 Visual FoxPro 中，下列属于命令按钮属性的是（　　　）。

A. CAPTION　　　　　　B. THIS　　　　　　C. THISFORM　　　　　D. CLICK

（2）假设某个表单中有一个命令按钮 CMDCLOSE，为了实现当用户单击此按钮时能够关闭表单的功能，应在该按钮的 CLICK 事件中写入语句（　　　）。

A. THISFORM. CLOSE　　　　　　　　　B. THISFORM. ERASE

C. THISFORM. RELEASE　　　　　　　　D. THISFORM. RETURN

（3）设置文本框显示内容的属性是（　　　）。

A. VALUE　　　　　　B. CAPTION　　　　　　C. NAME　　　　　D. INPUTMASK

（4）假设在表单设计器环境下，表单中有一个文本框且已经被选定为当前对象。现在从属性窗口中选择 Value 属性，然后在设置框中输入：= {^2001 - 9 - 10} - {^2001 - 8 - 20}。请问以上操作后，文本框 Value 属性值的数据类型为（　　　）。

A. 日期型　　　　　　B. 数值型　　　　　　C. 字符型　　　　　D. 以上操作出错

（5）在 Visual FoxPro 中，UNLOAD 事件的触发时机是（　　　）。

A. 释放表单　　　　　　B. 打开表单　　　　　　C. 创建表单　　　　　D. 运行表单

2. 填空题

（1）为使表单运行时在主窗口中居中显示，应设置表单的 AutoCenter 属性值为_____。

（2）如果文本框中只能输入数字和正负号，需要设置文本框的_____ 属性。

（3）编辑框只能输入和编辑_____ 数据。

（4）列表框控件的 Selected 属性的作用是_____。

3. 上机操作题

（1）制作圆面积计算. SCX。表单运行时，输入圆半径（只能接受数字输入且最多允许输入 4 位整数和两位小数，若输入非正数时提示出错），计算并显示圆面积（面积为只读）。表单运行窗口如图 5 - 3 - 13 所示。

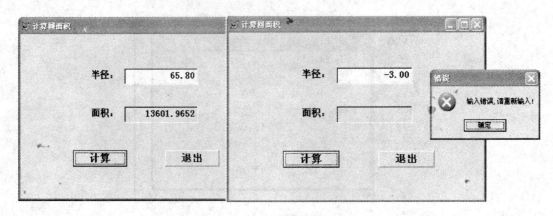

**图 5 - 3 - 13　在表单中输入不同数据时的运行结果**

（2）设计一个表单 BDCZ. scx，其中包含 1 个文本框和 1 个命令按钮。将表单和命令按钮的标题分别设置为：基本操作、确定；设置两个控件为顶边对齐，文本框的默认值为 0；设置文本框的 InteractiveChange 事件代码，使得当文本框输入负数时，命令按钮无效，不能响应用户的操作。表单运行结果如图 5 - 3 - 14 所示。

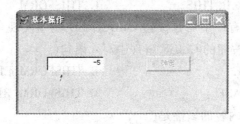

**图 5 - 3 - 14　表单运行窗口**

（3）设计一个图 5 - 3 - 15 所示的数字时钟。当表单运行时显示系统的当前时间，单击"暂停"按钮时，时钟停止；单击"继续"按钮时，时钟显示系统的当前时间；单击"退出"按钮时关闭表单。将表单保存为 CLOCK. SCX，运行时自动居中，使用计时器控件时将其 Interval 属性设置为 500。表单设计窗口如图 5 - 3 - 16 所示。

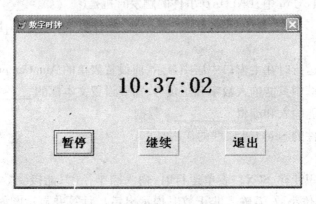

**图 5 - 3 - 15　表单运行窗口**

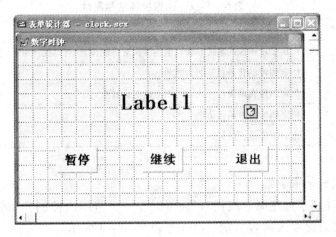

图 5 - 3 - 16    表单设计窗口

# 实训 5.4    常用表单控件的使用(二)

## 一、实训目标

通过本次实训,要求学生掌握复选框、图像、微调按钮和编辑框控件的使用;熟练掌握列表框、组合框控件的使用方法。

## 二、知识要点

### 1. 复选框(Check)

复选框控件用于标记一个两值状态。当处于选中状态时,复选框中显示一个对钩(√),否则,复选框内显示为空白。常用属性如表 5 - 4 - 1 所示。

表 5 - 4 - 1    复选框控件常用属性

| 属　　性 | 说　　明 |
| --- | --- |
| Caption | 指定复选框旁边显示的标题 |
| ControlSource | 指定与复选框建立关联的数据源。只能与逻辑型或数值型字段或变量建立关联 |
| Value | 指定复选框当前的状态。该属性可以是数值型(默认)或逻辑型。数值型的 0(未选中)、1(选中)和 2(不确定)分别对应逻辑型的 .F. 、.T. 和 .NULL. |

### 2. 图像(Image)

图像控件用于创建图像对象,在表单中显示图像信息。常用属性如表 5 - 4 - 2 所示。

表 5 - 4 - 2　图像控件常用属性

| 属　　性 | 说　　明 |
|---|---|
| Picture | 指定显示图像的来源。属性值为图像文件的位置,可以使用 BMP、JPG 文件 |
| BackStyle | 指定图像的背景色是否为透明 |
| Stretch | 指定图像在调整尺寸大小时图像的变化状态 |
| BorderStyle | 指定图像是否显示边框 |
| Visible | 指定图像是否可见 |

### 3. 微调按钮(Spinner)

微调按钮控件用于创建微调按钮对象,可以在一定范围内控制数据的变化。可单击数字增减按钮,也可直接输入内容。常用属性如表 5 - 4 - 3 所示。

表 5 - 4 - 3　微调按钮控件常用属性

| 属　　性 | 说　　明 |
|---|---|
| Increment | 通过微调按钮每次可调整数据的步长值 |
| SpinnerHighValue | 指定用户通过鼠标单击微调按钮的最大值 |
| SpinnerLowValue | 指定用户通过鼠标单击微调按钮的最小值 |
| Value | 微调按钮中数据的初始值 |

### 4. 编辑框(Edit)

编辑框只能输入和编辑字符型数据,可以自动换行,有自己的垂直滚动条。除了 Input-Mask、PasswordChar,文本框的其他属性对编辑框同样适用。

ScrollBars 属性:指定编辑框是否有垂直滚动条,属性值为 2 时(默认)表示有,属性值为 0 时表示没有。

### 5. 列表框(List)

列表框提供了一组条目,用户可以从中选择一个或多个。常用属性如表 5 - 4 - 4 所示。

表 5 - 4 - 4　列表框控件常用属性

| 属　　性 | 说　　明 |
|---|---|
| MultiSelect | 指定能否在列表框控件内进行多重选择 |
| RowSource | 指定列表框中显示数据的来源。通常为表中字段,需要先设置 RowSourceType 属性的值 |
| RowSourceType | 指定列表框内显示数据的类型。可以是值、别名、SQL 语句、数组、字段、文件和结构等 |
| ColumnCount | 指定列表框的列数。默认值为 0 |
| Selected | 指定列表框中的某个条目是否被选中 |

### 6. 组合框(Combo)

组合框与列表框类似,也是提供一组条目供用户从中选择,除了 MultiSelect 属性,有关列表框的属性对组合框同样适用。但组合框通常只有一个条目可见,并且有下拉组合框和下拉列表框两种形式。组合框常用属性如表 5 - 4 - 5 所示。

**表 5 - 4 - 5　组合框控件常用属性**

| 属　性 | 说　明 |
|---|---|
| Style | 指定组合框的形式。其值为 0 时是下拉组合框,用户可以在列表中选择,也可以在编辑区中输入;其值为 2 时是下拉列表框,用户只能从列表中选择 |
| Value | 指定组合框中显示的内容 |

### 三、实训环境

每名学生配备一台已安装了 Windows XP 或以上版本及 Visual FoxPro 6.0 的计算机。

### 四、实训内容

1. 设计一个字形设置. SCX,用来设置标签字符的字形

表单运行窗口如图 5 - 4 - 1 所示。

**图 5 - 4 - 1　表单的运行窗口**

操作步骤如下。

(1)执行"文件"菜单中的"新建"命令新建一个表单,保存为字形设置. SCX。

(2)通过表单控件工具栏向该表单中添加 1 个标签、1 个图像和 3 个复选框控件,如表 5 - 4 - 6 所示在属性窗口定义表单及其控件属性。

**表 5 - 4 - 6　表单及其控件属性**

| 控件名 | 属性名 | 属性值 | 属性名 | 属性值 |
|---|---|---|---|---|
| Form1 | Caption | 复选框控件和图像控件 | AutoCenter | . T. |
| Label1 | Caption | 欢迎使用 Visual FoxPro | BackStyle | 0 - 透明 |
|  | AutoSize | . T. | FontSize | 24 |

续表

| 控件名 | 属性名 | 属性值 | 属性名 | 属性值 |
|---|---|---|---|---|
| Image1 | Picture | F:\成绩管理系统\fox. bmp | BackStyle | 0 – 透明 |
|  | Stretch | 1 – 等比填充 |  |  |
| Check1 | Caption | 粗体 |  |  |
| Check2 | Caption | 斜体 |  |  |
| Check3 | Caption | 下划线 |  |  |

(3)利用布局工具栏调整表单中的控件布局。表单设计窗口如图 5 – 4 – 2 所示。

图 5 – 4 – 2　表单的设计窗口

(4)3 个复选框控件的 Click 事件代码分别如下：

　　Check1：THISFORM. LABEL1. FONTBOLD = THIS. VALUE

　　Check2：THISFORM. LABEL1. FONTITALIC = THIS. VALUE

　　Check3：THISFORM. LABEL1. FONTUNDERLINE = THIS. VALUE

(5)保存并运行表单。

2. 制作一个字号设置. SCX,通过微调按钮改变标签字符的大小

表单运行结果如图 5 – 4 – 3 所示。

图 5 – 4 – 3　表单的运行界面

操作步骤如下。

(1)通过"文件"菜单中的"新建"命令新建一个表单,保存为字号设置. SCX。

（2）通过表单控件工具栏向该表单中添加 1 个标签控件、1 个微调按钮控件，在属性窗口分别设置其相关属性。各控件的相关属性如表 5 – 4 – 7 所示。

表 5 – 4 – 7 控件及其相关属性

| 控件名 | 属性名 | 属性值 | 属性名 | 属性值 |
|---|---|---|---|---|
| Form1 | Caption | 微调控件的使用 | AutoCenter | . T. |
| | MaxButton | . F. | MinButton | . F. |
| Label1 | Caption | 知识就是力量 | BackStyle | 0 – 透明 |
| | AutoSize | . T. | FontName | 华文行楷 |
| | FontSize | 16 | Alignment | 2 – 中央 |
| Spinner1 | SpinnerHighValue | 72 | SpinnerLowValue | 8 |
| | Value | 16 | | |

表单的设计窗口如图 5 – 4 – 4 所示。

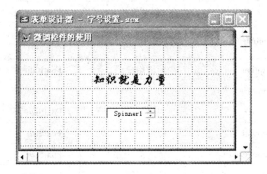

图 5 – 4 – 4 表单的设计界面

（3）双击微调按钮控件，设置其 InteActiveChange 事件的代码如下：

THISFORM. LABEL1. FONTSIZE = THIS. VALUE

（4）保存并运行表单。

3. 在学生成绩管理系统中，可以增加新用户

使用文本框、组合框等控件制作新增用户表单 ADDUSER. SCX，表单运行窗口如图 5 – 4 – 5 所示。

操作步骤如下。

（1）打开学生成绩管理. pjx，在其项目管理器的"文档"选项卡中新建一个表单。

（2）使用表单控件工具栏向该表单中添加 5 个标签、3 个文本框、1 个组合框和两个命令按钮，如表 5 – 4 – 8 所示在属性窗口设置表单及各控件的相关属性。

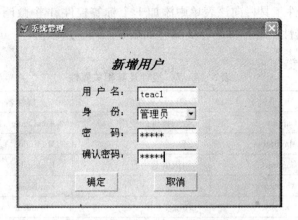

**图 5 - 4 - 5　ADDUSER. SCX 的运行窗口**

**表 5 - 4 - 8　控件及其属性设置**

| 控件名 | 属性名 | 属性值 | 属性名 | 属性值 |
|---|---|---|---|---|
| Form1 | Caption | 系统管理 | MaxButton | . F. - 假 |
| | MinButton | . F. - 假 | BorderStyle | 2 - 固定对话框 |
| Label1 、Label2 Label3 、Label4 | AutoSize | . T. - 真 | BackStyle | 0 - 透明 |
| Label1 | Caption | 新增用户 | FontItalic | . T. - 真 |
| | FontSize | 16 | | |
| Label2 | Caption | 用户名： | FontSize | 12 |
| Label3 | Caption | 身份： | FontSize | 12 |
| Label4 | Caption | 密码： | FontSize | 12 |
| Label5 | Caption | 确认密码： | FontSize | 12 |
| Text1 、Text2 Text3 、Combo1 | FontSize | 12 | | |
| Combo1 | RowSourceType | 1 - 值 | RowSource | 管理员，学生 |
| Command1 | Caption | 确定 | | |
| Command2 | Caption | 取消 | | |

表单 Form1 中各控件的排列及定义各控件属性后的结果如图 5 - 4 - 6 所示。

(3)"确定"按钮的 Click 事件代码编辑窗口如图 5 - 4 - 7 所示。

(4)"取消"按钮的 Click 事件代码为：THISFORM. RELEASE

(5)以 ADDUSER. SCX 为文件名保存表单即可。

4. 制作列表框和编辑框. SCX

在组合框中选择要查询的表文件，该表的字段会自动显示在列表框中；从列表框中选择要输出的字段，可添加到编辑框。表单运行窗口如图 5 - 4 - 8 所示。

图 5 - 4 - 6　ADDUSER.SCX 的设计界面

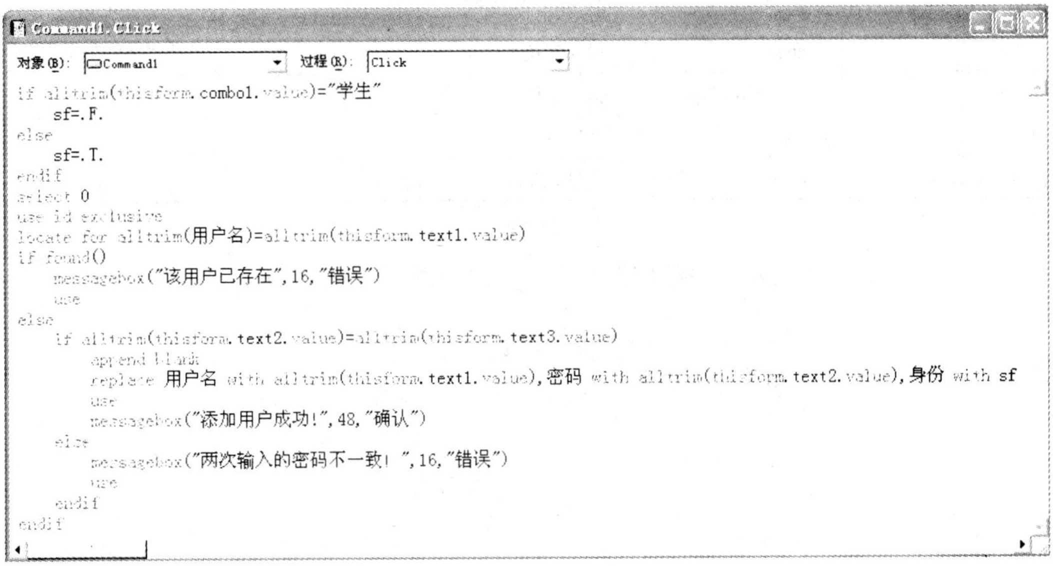

```
对象(B): Command1        过程(R): Click
if alltrim(thisform.combo1.value)="学生"
    sf=.F.
else
    sf=.T.
endif
select 0
use id exclusive
locate for alltrim(用户名)=alltrim(thisform.text1.value)
if found()
    messagebox("该用户已存在",16,"错误")
    use
else
    if alltrim(thisform.text2.value)=alltrim(thisform.text3.value)
        append blank
        replace 用户名 with alltrim(thisform.text1.value),密码 with alltrim(thisform.text2.value),身份 with sf
        use
        messagebox("添加用户成功!",48,"确认")
    else
        messagebox("两次输入的密码不一致!",16,"错误")
        use
    endif
endif
```

图 5 - 4 - 7　"确定"按钮的 Click 事件代码

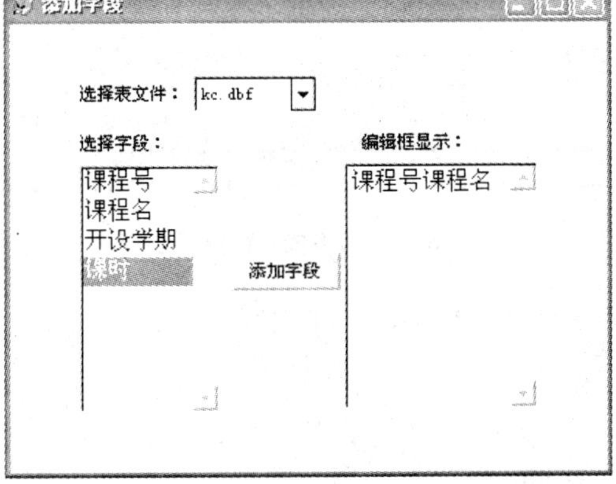

图 5 - 4 - 8　列表框和编辑框.SCX 的运行结果

操作步骤如下。

（1）通过"文件"菜单中的"新建"命令新建一个表单，保存为列表框和编辑框. SCX。

（2）使用表单控件工具栏向该表单中添加 3 个标签、1 个组合框、1 个列表框、1 个编辑框和 1 个命令按钮，如表 5 - 4 - 9 所示在属性窗口中定义各控件的相关属性。

表 5 - 4 - 9　表单控件及其属性

| 控件名 | 属性名 | 属性值 | 属性名 | 属性值 |
|---|---|---|---|---|
| Form1 | Caption | 添加字段 | AutoCenter | . T. |
| Label1、Label2、Label3 | AutoSize | . T. - 真 | BackStyle | 0 - 透明 |
| Label1 | Caption | 选择表文件： | | |
| Label2 | Caption | 选择字段： | | |
| Label3 | Caption | 编辑显示： | | |
| Combo1 | RowSourceType | 7 - 文件 | RowSource | * . DBF |
| | Style | 2 - 下拉列表框 | | |
| List1 | RowsourceType | 8 - 结构 | FontSize | 12 |
| Edit1 | FontSize | 12 | | |
| Command1 | Caption | 添加字段 | | |

利用布局工具栏调整表单中各控件的布局，结果如图 5 - 4 - 9 所示。

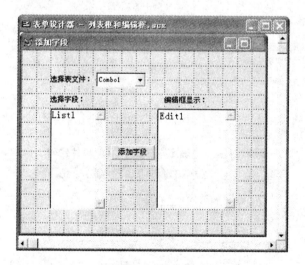

图 5 - 4 - 9　列表框和编辑框. SCX 的设计窗口

（3）Combo1 控件的 InterActiveChange 事件代码如下：

```
bm = This. Value
USE &bm
Thisform. List1. Rowsource = This. Value
```

（4）"添加字段"按钮的 Click 事件代码如下：

Thisform. Edit1. Value = Thisform. Edit1. Value + Thisform. List1. Value

（5）保存并运行表单。

5. 为学生成绩管理系统设计一个登录表单,文件名为:登录界面.SCX

有两种登录身份:管理员和学生,只有输入正确的用户名和密码才能访问该系统。表单运行窗口如图 5 - 4 - 10 所示。

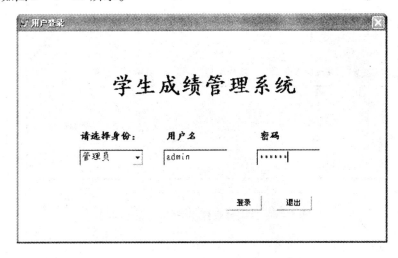

图 5 - 4 - 10　登录界面. SCX 的运行窗口

操作步骤如下。

（1）打开学生成绩管理. pjx,在其项目管理器的“文档”选项卡中新建一个表单。

（2）通过表单控件工具栏向该表单中添加 4 个标签、两个文本框、1 个组合框和两个命令按钮,如表 5 - 4 - 10 所示在属性窗口定义表单及各控件的相关属性。

表 5 - 4 - 10　控件及其属性设置

| 控件名 | 属性名 | 属性值 | 属性名 | 属性值 |
|---|---|---|---|---|
| Form1 | Caption | 用户登录 | MaxButton | . F. - 假 |
|  | MinButton | . F. - 假 | BorderStyle | 2 - 固定对话框 |
| Label1 、Label2 | AutoSize | . T. - 真 | BackStyle | 0 - 透明 |
| Label3 、Label4 | FontName | 楷体_ GB2312 |  |  |
| Label1 | Caption | 请选择身份: | FontSize | 12 |
| Label2 | Caption | 用户名 | FontSize | 12 |
| Label3 | Caption | 密码 | FontSize | 12 |
| Label4 | Caption | 学生成绩管理系统 | FontSize | 20 |
| Text1 、Text2 、Combo1 | FontName | 楷体_ GB2312 | FontSize | 12 |
| Text2 | PasswordChar | * |  |  |
| Combo1 | RowSource | 学生,管理员 | RowSourceType | 1 - 值 |
| Command1 | Caption | 登录 |  |  |
| Command2 | Caption | 退出 |  |  |

利用布局工具栏调整表单中各控件的布局,表单设计窗口如图 5 - 4 - 11 所示。

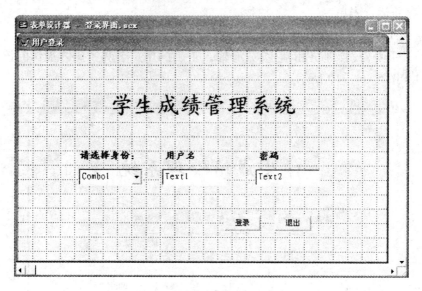

图 5 - 4 - 11　登录界面.SCX 的设计窗口

(3) 表单 Form1 的 LOAD 事件代码是:Public unuse。该公共变量用来设置用户访问系统各菜单项的权限。

(4) "登录"按钮的 Click 事件代码窗口如图 5 - 4 - 12 所示。

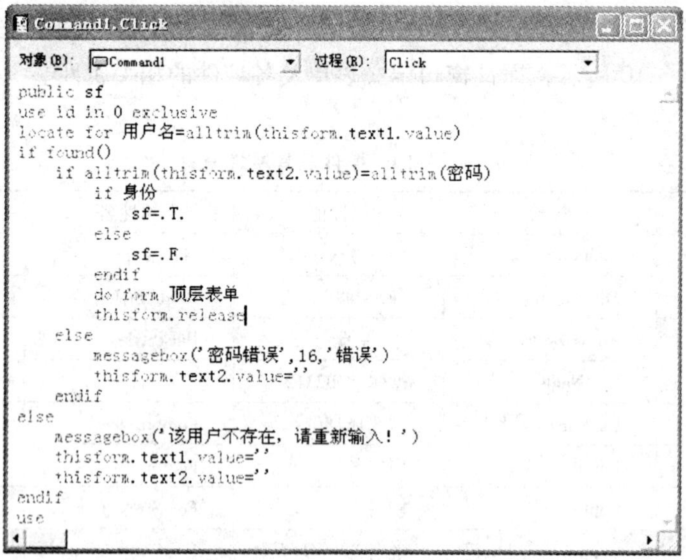

```
Command1.Click
对象(B): Command1    过程(R): Click
public sf
use id in 0 exclusive
locate for 用户名=alltrim(thisform.text1.value)
if found()
    if alltrim(thisform.text2.value)=alltrim(密码)
        if 身份
            sf=.T.
        else
            sf=.F.
        endif
        do form 顶层表单
        thisform.release
    else
        messagebox('密码错误',16,'错误')
        thisform.text2.value=''
    endif
else
    messagebox('该用户不存在, 请重新输入!')
    thisform.text1.value=''
    thisform.text2.value=''
endif
use
```

图 5 - 4 - 12　"登录"按钮的 Click 事件代码

**注意:**此处的 SF 为全局变量。当其值为.T.时,该用户是管理员,可对系统进行各种操作;当其值为.F.时,该用户是学生,只能进行课程信息浏览、查询自己各门课程的成绩以及修改登录密码等操作。

（5）"退出"按钮的 Click 事件代码为:THISFORM. RELEASE

（6）以登录界面. SCX 为文件名保存表单并运行表单。

## 五、课外练习

1. 单选题

（1）在表单中,有关列表框和组合框内选项的多重选择,正确的叙述是(　　　)。

A. 列表框和组合框都可以设置成多重选择

B. 列表框和组合框不可以设置成多重选择

C. 列表框可以设置多重选择,而组合框不可以

D. 组合框可以设置多重选择,而列表框不可以

（2）下列控件中,不能设置数据源的是(　　　)。

A. 复选框　　　　　　　B. 命令按钮　　　　　C. 选项组　　　　　　　D. 列表框

（3）当复选框的 Value 属性值为 2 时,代表(　　　)。

A. 选中复选框　　　　　　　　　　　B. 没有选中复选框

C. 复选框不确定　　　　　　　　　　D. 复选框可以有两个

（4）决定微调控件的最大值的属性是(　　　)。

A. Value　　　　　　　　　　　　　B. Keyboardhighvalue

C. Keyboardlowvalue　　　　　　　　D. Interval

2. 填空题

（1）在 Visual FoxPro 表单中用来确定复选框是否被选中的属性是_____;说明复选框是否可用的属性是_____。

（2）设计界面时,为提供多选功能,通常使用的控件是_____。

（3）若要在表单中插入一幅图片,应使用_____控件。

（4）在微调按钮的设计中,用于设置微调量的属性是_____。

3. 上机操作题

设计图 5 - 4 - 13 所示的表单。运行表单时,在组合框中选择一个姓名,单击"查询"按钮,在文本框中即显示该学生的平均成绩;单击"关闭"按钮时退出表单。将表单保存为学生平均成绩查询. SCX。

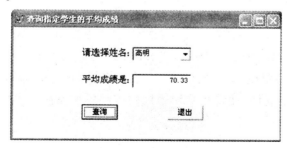

**图 5 - 4 - 13　表单运行窗口**

# 实训 5.5　常用表单控件的使用(三)

## 一、实训目标

通过本次实训,要求学生熟练掌握容器控件如命令按钮组控件、选项组控件、表格和页框控件的使用方法,并能熟练使用这些控件设计各种表单。

## 二、知识要点

### 1. 命令按钮组(CommandGroup)

命令按钮组控件是包含一组命令按钮的容器控件。常用属性如表 5 - 5 - 1 所示。

**表 5 - 5 - 1　命令组控件常用属性**

| 属　性 | 说　明 |
| --- | --- |
| ButtonCount | 指定命令按钮组中命令按钮的个数 |
| Value | 指定命令按钮组当前的状态。该属性可以是 N 型(默认),还可以是 C 型。若为 N 型,其值为命令按钮的序号;若为 C 型,其值为命令按钮的 Caption 属性值 |

### 2. 选项组(OptionGroup)

选项组是包含选项按钮的一种容器。其中包含了若干选项按钮,用户只能从中选择一个。当用户选择了某个选项时,该按钮即成为被选中状态。常用属性如表 5 - 5 - 2 所示。

**表 5 - 5 - 2　选项组常用属性**

| 属　性 | 说　明 |
| --- | --- |
| ButtonCount | 指定选项按钮组中选项按钮的个数 |
| ControlSource | 指定与选项按钮组建立联系的数据源 |
| Value | 指定选项按钮组当前的状态。该属性可以是 N 型(默认),还可以是 C 型。若为 N 型,其值为选项按钮的序号;若为 C 型,其值为选项按钮的 Caption 属性值 |

### 3. 表格控件(Grid)

表格是一个容器对象,用于在表单中以表格显示方式输入和输出数据。一个表格对象由若干列对象(Column)组成,每个列对象又包含一个标头对象(Header)和若干控件。各个对象和控件都有自己的属性,使得用户对表格的控制更加灵活。表格控件常用属性如表 5 - 5 - 3 所示。

**表 5 - 5 - 3　表格的常用属性**

| 属性 | 说　明 |
|---|---|
| ColumnCount | 表格的列数。默认值为 - 1 |
| LinkMaster | 用于指定表格中显示子表的父表名称 |
| RecordSourceType | 指定表格数据源的类型 |
| RecordSource | 指定表格的数据源 |

（1）表格控件的 RecordSourceType 属性的取值范围及含义如表 5 - 5 - 4 所示。

**表 5 - 5 - 4　表格的 RecordSourceType 属性的设置值**

| 属性值 | 说　明 |
|---|---|
| 0 | 表。数据来源于由 RecordSource 属性指定的表,该表能够自动打开 |
| 1 | 别名(默认值)。数据来源于已打开的表,由 RecordSource 属性指定该表的别名 |
| 2 | 提示。运行时,由用户根据提示选择表格数据源 |
| 3 | 查询(. QPR)。数据来源于查询,由 RecordSource 属性指定一个查询文件(. QPR) |
| 4 | SQL 说明。数据来源于 SQL 语句,由 RecordSource 属性指定一条 SQL 命令 |

（2）标头（Header）的常用属性如表 5 - 5 - 5 所示。

**表 5 - 5 - 5　标头( Header) 常用属性**

| 属　性 | 说　明 |
|---|---|
| Caption | 指定标头对象的标题文本,显示于表格列顶部 |
| Alignment | 指定标题文本在对象中显示的对齐方式 |

**4. 页框控件( PageFrame)**

页框是包含页面（Page）的容器对象,而页面本身也是一种容器,其中又可包含所需要的各种控件。利用页框、页面和其他控件可创建选项卡对话框,其中的选项卡就是页面。页框的常用属性如表 5 - 5 - 6 所示。

**表 5 - 5 - 6　页框控件的常用属性**

| 属　性 | 说　明 |
|---|---|
| ActivePage | 页框的活动页面号 |
| PageCount | 页框包含的页面数(默认值为 2) |

要在页框中添加控件,可按如下步骤操作。

（1）右单击页框,在弹出的快捷菜单中选择"编辑"命令,此时的页框处于编辑状态,四周出现粗框。然后单击相应页面的标签,使该页面成为活动页面即可在其中添加控件。也可以在属性窗口的对象框中直接选择相应页面。

(2)在表单控件工具栏中选择需要的控件进行添加,并在页面上调整其大小。

### 三、实训环境

每名学生配备一台已安装了 Windows XP 或以上版本及 Visual FoxPro 6.0 的计算机。

### 四、实训内容

1. 制作一个数据统计表单 SJTJ. SCX,可以实现按入学年份、系别、专业统计学生人数,还可以按班级或课程进行学生成绩统计

表单运行界面如图 5 - 5 - 1 所示。

图 5 - 5 - 1　数据统计表单运行界面

操作步骤如下。

(1)打开学生成绩管理. pjx,在其项目管理器的"文档"选项卡中创建一个表单。

(2)通过表单控件工具栏在表单中添加 1 个标签控件、1 个图像控件和 1 个命令按钮组控件。各控件的相关属性如表 5 - 5 - 7 所示。

表 5 - 5 - 7　表单及其控件属性

| 控件名 | 属性名 | 属性值 | 属性名 | 属性值 |
|---|---|---|---|---|
| Form1 | Caption | 数据统计界面 | AutoCenter | . T. |
| Label1 | AutoSize | . T. | Caption | 数据统计 |
| | BackStyle | 0 - 透明 | FontName | 楷体 |
| | FontBold | . T. | FontSize | 20 |
| Image1 | Picture | F:\成绩管理系统\f1. bmp | Stretch | 2 - 变比填充 |
| CommandGroup1 | ButtonCount | 5 | Value | 1 |
| Command1 | Caption | 按入学年份统计学生 | | |

续表

| 控件名 | 属性名 | 属性值 | 属性名 | 属性值 |
|---|---|---|---|---|
| Command2 | Caption | 按系别统计学生 | | |
| Command3 | Caption | 按专业统计学生 | | |
| Command4 | Caption | 按班级统计成绩 | | |
| Command5 | Caption | 按课程统计成绩 | | |

（3）命令按钮组 CommandGroup1 的 5 个命令按钮的 Caption 属性还可以在"命令组生成器"对话框中设置,如图 5 – 5 – 2 所示。

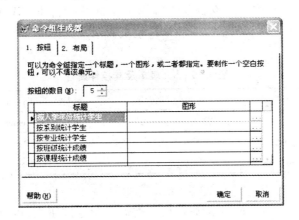

图 5 – 5 – 2　"命令组生成器"对话框

（4）命令按钮组 CommandGroup1 的 Click 事件代码如图 5 – 5 – 3 所示。

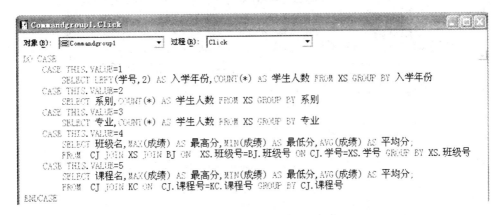

图 5 – 5 – 3　CommandGroup1 的 Click 事件代码窗口

（5）以 SJTJ. SCX 作为文件名保存表单,并运行。

2. 选项组控件使用

设计一个字体设置. SCX,用于设置标签字符的字体,表单运行窗口如图 5 – 5 – 4 所示。操作步骤如下。

（1）通过"文件"菜单新建一个表单,保存为字体设置. SCX。

图 5 - 5 - 4　表单的运行窗口

（2）通过表单控件工具栏向该表单中添加 1 个标签控件 label1、1 个选项按钮组控件 OptionGroup1。如表 5 - 5 - 8 所示在属性窗口定义表单及其控件属性。

表 5 - 5 - 8　表单及其控件属性

| 控件名 | 属性名 | 属性值 | 属性名 | 属性值 |
|---|---|---|---|---|
| Form1 | Caption | 选项组控件的使用 | AutoCenter | . T. |
| Label1 | Caption | 计算机文化 | BackStyle | 0 - 透明 |
| | AutoSize | . T. | FontSize | 24 |

（3）选项按钮组 OptionGroup1 的属性设置类似于命令按钮组，可以在属性窗口定义，还可以在选项组生成器对话框中进行设置，如图 5 - 5 - 5 所示。

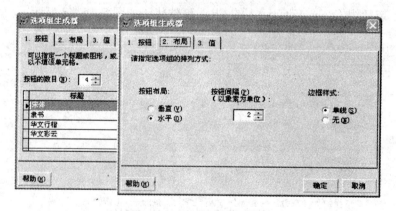

图 5 - 5 - 5　选项组生成器

（4）调整表单控件布局，表单设计窗口如图 5 - 5 - 6 所示。

（5）选项按钮组 OptionGroup1 的 Click 事件代码如图 5 - 5 - 7 所示。

（6）保存并运行表单。

3. 表格控件使用之一

通过数据环境及表格控件，制作学生信息浏览表单 XSLL. SCX。表单运行结果如图 5 - 5 - 8 所示。

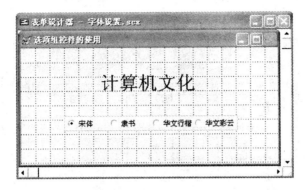

**图 5 - 5 - 6　表单的设计窗口**

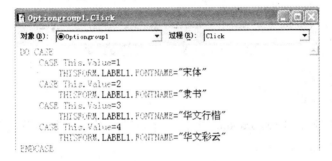

**图 5 - 5 - 7　OptionGroup1 的 Click 事件代码窗口**

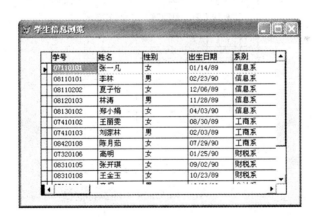

**图 5 - 5 - 8　XSLL. SCX 的运行窗口**

操作步骤如下。

（1）打开学生成绩管理. pjx，在其项目管理器的"文档"选项卡中新建一个表单，保存为 XSLL. SCX。

（2）在属性窗口修改 Form1 的 Caption 属性值为：学生信息浏览；AutoCenter 属性值为：. T. 。

（3）在表单的数据环境中添加 XS. DBF，指向该表的标题栏，将其拖曳到表单设计器中，此时，在表单设计器窗口产生 1 个表格控件。调整好该控件的位置和大小，如图 5 - 5 - 9

所示。

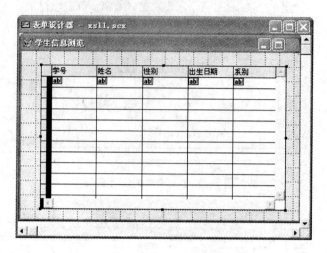

图 5 – 5 – 9　XSLL. SCX 的设计窗口

（4）保存并运行表单。

4. 表格控件应用之二

通过设置表格控件的 RecordSourceType 属性，制作课程信息浏览表单 KCLL. SCX。表单运行窗口如图 5 – 5 – 10 所示。

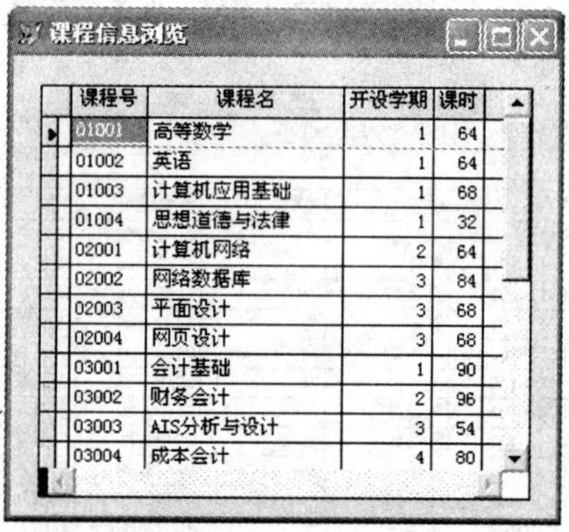

图 5 – 5 – 10　KCLL. SCX 的运行窗口

具体操作：在学生成绩管理. pjx 中新建一个表单。在其数据环境中添加 KC. DBF；通过表单控件工具栏在该表单设计器中添加 1 个表格控件 Grid1，如表 5 – 5 – 9 所示在属性窗口定义表单及其控件属性。

表 5 – 5 – 9　表单及其控件属性

| 控件名 | 属性名 | 属性值 | 属性名 | 属性值 |
| --- | --- | --- | --- | --- |
| Form1 | Caption | 课程信息浏览 | AutoCenter | . T. |
| Grid1 | RecordSource | KC. DBF | RecordSourceType | 1 – 别名 |

调整控件的大小和位置,以 KCLL.SCX 为文件名保存表单,运行表单即可。

5.表格控件应用之三

设置表格控件的 RecordSourceType 属性为:SQL 说明,制作成绩信息浏览表单 CJLL.
SCX。表单运行窗口如图 5-5-11 所示。

**图 5-5-11　CJLL.SCX 的运行窗口**

具体操作:在学生成绩管理.pjx 中新建一个表单。通过表单控件工具栏在该表单设计器中添加 1 个表格控件 Grid1。如表 5-5-10 所示在属性窗口定义表单及其控件属性。

**表 5-5-10　表单及其控件属性设置**

| 控件名 | 属性名 | 属性值 |
| --- | --- | --- |
| Form1 | Caption | 成绩信息浏览 |
| | AutoCenter | .T. |
| Grid1 | RecordSource | SELECT * FROM CJ INTO CURSOR LSB |
| | RecordSourceType | 4-SQL 说明 |

调整控件的大小和位置,以 CJLL.SCX 为文件名保存表单,运行表单即可。

6.表格控件应用之四

制作课程成绩统计.SCX,统计各门课程的最高分和平均分。表单运行窗口如图 5-5-12 所示。

具体操作:执行“文件”菜单中的“新建”命令新建一个表单,保存为课程成绩统计.SCX。通过表单控件工具栏在该表单设计器中添加 1 个表格控件 Grid1,如表 5-5-11 所示在属性窗口定义表单及其控件属性。

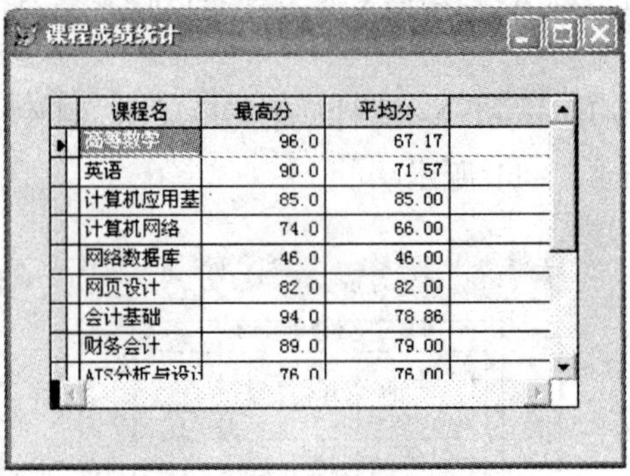

图 5 – 5 – 12    表单运行窗口

表 5 – 5 – 11    表单及其控件属性

| 控件名 | 属性名 | 属性值 | 属性名 | 属性值 |
|---|---|---|---|---|
| Form1 | Caption | 课程成绩统计 | AutoCenter | . T. |
| Grid1 | ColumnCount | 3 | RecordSourceType | 4 – SQL 说明 |
| Head1 ( Column1 ) | Caption | 课程名 | Alignment | 居中 |
| Head1 ( Column2 ) | Caption | 最高分 | Alignment | 居中 |
| Head1 ( Column3 ) | Caption | 平均分 | Alignment | 居中 |

设置表格控件 Grid1 的 RecordSource 属性值如下：

    SELECT Kc. 课程名, max( 成绩)as 最高分, avg( 成绩)as 平均分;

    FROM    kc INNER JOIN cj ON    Kc. 课程号 = Cj. 课程号;

    GROUP BY Kc. 课程号 INTO CURSOR LSB

表单设计窗口如图 5 – 5 – 13 所示,保存并运行表单。

图 5 – 5 – 13    表单设计窗口

7. 制作图 5 – 5 – 14 所示的表单 XXLL. SCX

表单上有 1 个包含 3 个选项卡的页框控件和 1 个命令按钮。要求设置表单的高度为

300,宽度为500,表单运行时自动在主窗口居中;在 3 个选项卡中分别以表格形式浏览 XS.
DBF、KC. DBF 和 CJ. DBF 的信息。选项卡的距离表单的左边距为20,顶边距为15,选项卡
高度为240,宽度为450;单击"退出"按钮时关闭表单。

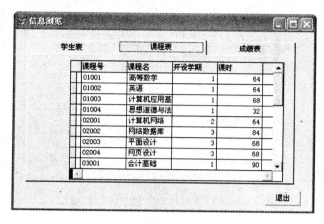

**图 5 - 5 - 14　XXLL. SCX 的表单运行窗口**

操作步骤如下。

(1)在学生成绩管理. pjx 中新建一个表单,保存为 XXLL. SCX。在其数据环境中分别
添加 XS. DBF、KC. DBF 和 CJ. DBF。

(2)通过表单控件工具栏向该表单中添加 1 个页框控件 PageFrame1 和 1 个命令按钮
Command1,在属性窗口如表 5 - 5 - 12 所示定义其属性。

**表 5 - 5 - 12　控件及其属性设置**

| 控件名 | 属性名 | 属性值 | 属性名 | 属性值 |
|---|---|---|---|---|
| Form1 | Caption | 信息浏览 | AutoCenter | . T. |
| | Height | 300 | width | 500 |
| PageFrame1 | PageCount | 3 | | |
| | Left | 20 | Top | 15 |
| | Height | 240 | width | 450 |
| Page1 | Caption | 学生表 | | |
| Page2 | Caption | 课程表 | | |
| Page3 | Caption | 成绩表 | | |
| Command1 | Caption | 退出 | | |

(3)在属性窗口中选择 Page1 为当前对象,将数据环境中的 XS. DBF 拖曳到该页面。类
似地,将数据环境中的 KC. DBF 和 CJ. DBF 分别拖曳到 Page2 和 Page3 页面中。

(4)设置"退出"按钮的 Click 事件代码为:THISFORM. RELEASE

(5)调整各选项卡中表格控件的大小和位置,表单设计窗口如图 5 - 5 - 15 所示。

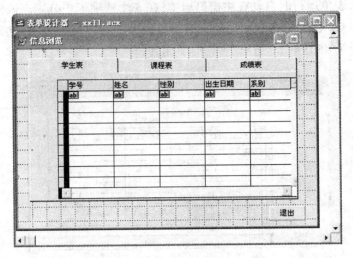

图 5 – 5 – 15   XXLL. SCX 的表单设计窗口

(6)保存并运行表单。

## 五、课外练习

1. 单选题

(1)命令按钮组控件的 Value 属性指定命令按钮组当前的状态,当命令按钮组控件的 value 属性值为 3 时,表明按钮序号为(　　)的按钮触发 Click 事件,执行其事件代码指定的操作。

A. 1            B. 2            C. 3            D. 4

(2)选项按钮组 OptionGroup1 的属性可在选项组生成器对话框中进行设置,该生成器不包含的页面是(　　)。

A. 按钮          B. 布局          C. 值          D. 事件

(3)在表单中为表格控件指定数据源的属性是(　　)。

A. DataSource                     B. RecordSource

C. DataFrom                       D. RecordFrom

(4)若表格控件在表单运行时,由用户根据提示选择表格数据源,则应该设置该表格控件的 RecordSourceType 属性为(　　)。

A. 1            B. 2            C. 3            D. 4

(5)若表格控件在表单运行时,需要自动打开表格控件的 RecordSource 属性绑定的表,则应该设置该表格控件的 RecordSourceType 属性为(　　)。

A. 0            B. 1            C. 2            D. 3

(6)若设置表格控件的 RecordSourceType 属性为:SQL 说明,制作表成绩信息. dbf 的浏览表单,则表格控件的 RecordSource 属性应该为(　　)。

A. SELECT ＊ FROM 成绩信息

B. SELECT ＊ FROM 成绩信息 INTO ARRAY CJXX

C. SELECT ＊ FROM 成绩信息 TO FELE CJXX

D. SELECT ＊ FROM 成绩信息 INTO CURSOR CJXX

2. 填空题

(1)在 Visual FoxPro 中,假设表单上有一选项组:○男　○女,该选项组的 Value 属性赋值为 0。当其中的第一个选项按钮"男"被选中,该选项组的 Value 属性值为　　　　　　。

(2)在 Visual FoxPro 中,选项按钮组是包含选项按钮的一种容器控件,其 ButtonCount 属性的初值是　　　　。

(3)选项组是包含选项按钮的一种容器。其中包含了若干选项按钮,用户能从中选择　　　　　个。

(4)表格是一个容器对象,用于在表单中以表格显示方式输入和输出数据,一个表格对象由若干　　　　组成,表格控件的 ColumnCount 属性用于设置表格的列数,其默认值为　　　　。

(5)页框是包含页面(Page)的容器对象,而页面本身也是一种容器,每个页面相当于一个表单。若设置 PageCount 的属性值为 3,表示该页框分为　　　个页面。

(6)使用页框控件时,只有使页面成为　　　页面才可在其中添加控件。

3. 上机操作题

(1)设计一个变换字符颜色. SCX。通过选项按钮组控件实现对文本框中内容的字符颜色的改变。要求:设置文本框的内容的字体为楷体,字号为 20 磅,加粗居中显示。表单运行结果如图 5 - 5 - 16 所示。

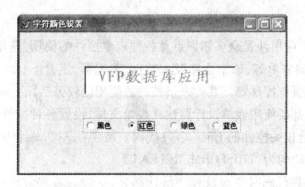

**图 5 - 5 - 16　表单运行窗口**

(2)设计一个学生信息浏览. SCX。通过按钮组控件实现对 XS. DBF 内容的浏览功能,并能使表格中内容同步改变。表单运行结果如图 5 - 5 - 17 所示。

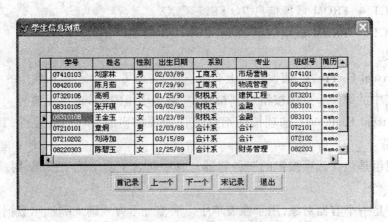

图 5 - 5 - 17   表单运行窗口

# 实训 5.6   表单控件的综合应用

## 一、实训目标

通过本次实训,要求学生熟练掌握表单设计器的使用;熟练掌握各种常用表单控件的综合应用,能按照用户需求制作各种表单。

## 二、知识要点

表单控件的综合应用涉及众多知识点及各种表单控件的使用,常用来制作各种实用表单如多种形式的查询表单等,通常会涉及文本框、列表框、组合框、命令按钮、命令按钮组、选项按钮组、表格和页框控件等。其中表格控件的应用比较灵活。

在通常情况下,都要使用表单设计器建立表单文件,设置各种控件的基本属性,然后再编写命令按钮或其他相关控件的 Click 事件代码。特别在表单设计中,对于关闭表单的命令一定要牢记,命令语句为:THISFORM. RELEASE

在编写 Click 事件代码时会涉及程序设计部分,复杂的通常会涉及选择结构。若仅仅是涉及查询语句的设计,可以借助查询设计器生成 SQL 语句,然后在此基础上进行修改。

总之,在进行表单设计前要好好分析解题思路,明确各种控件之间的关系。

## 三、实训环境

每名学生配备一台已安装了 Windows XP 或以上版本及 Visual FoxPro 6. 0 的计算机。

## 四、实训内容

1. 使用表单设计器制作按学号查询成绩表单 AXHCX. SCX

表单运行时,在文本框中输入学号,单击"查询"按钮,则在另一个文本框中显示该学生的平均成绩,同时,在表格中显示该学生的姓名、所选课程名和成绩,如图5-6-1所示。

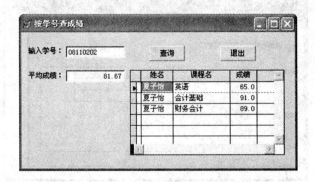

**图5-6-1 AXHCX.SCX 运行窗口**

操作步骤如下。

(1)打开学生成绩管理.pjx,在"文档"选项卡中新建一个表单 Form1,以 AXHCX.SCX 为文件名保存。

(2)通过表单控件工具栏依次在表单中添加两个标签、两个文本框、两个命令按钮和1个表格控件,如表5-6-1所示在属性窗口中设置表单及控件的属性。

**表5-6-1 控件及其属性**

| 控件名 | 属性名 | 属性值 | 属性名 | 属性值 |
| --- | --- | --- | --- | --- |
| Form1 | Caption | 按学号查成绩 | AutoCenter | .T. |
| Label1 | Caption | 输入学号 | AutoSize | .T. |
| Label2 | Caption | 平均成绩 | AutoSize | .T. |
| Command1 | Caption | 查询 | | |
| Command2 | Caption | 退出 | | |
| Grid1 | RecordSourceType | 4-SQL 说明 | | |

(3)调整表单及各个控件的大小及布局,设置完成后的表单设计如图5-6-2所示。

(4)表单 Form1 的 Init 事件代码为:CLOSE ALL TABLE

"退出"按钮的 Click 事件代码为:THISFORM.RELEASE

"查询"按钮的 Click 事件代码如图5-6-3所示。

(5)保存并运行表单。

**2. 使用表单设计器制作按课程查询成绩表单 AKCCX.SCX**

表单运行时,在组合框中选择课程名,单击"查询"按钮,在另外的3个文本框中会依次显示该课程的最高分、最低分和平均成绩,同时,在表格中显示参加该课程考试的学生姓名和成绩。如图5-6-4所示。

操作步骤如下。

(1)打开学生成绩管理.pjx,在"文档"选项卡中新建一个表单,保存为 AKCCX.SCX。

表单设计器 - axhcx.scx
按学号查成绩
输入学号：
Text1
查询
退出
平均成绩：
Text2
Grid1

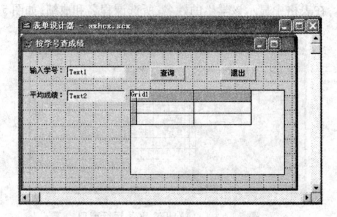

图 5－6－2 AXHCX.SCX 的设计窗口

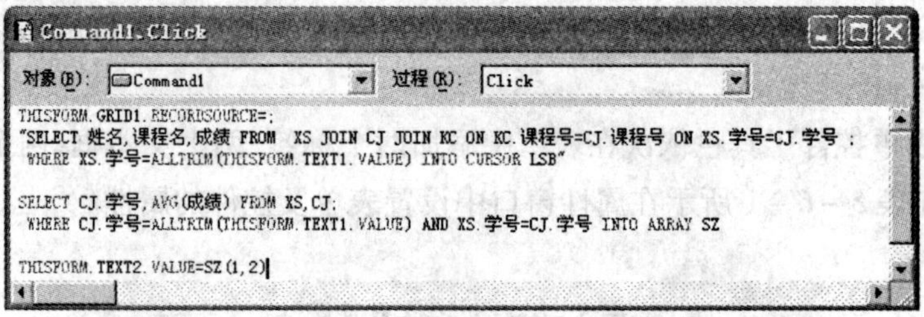

Command1.Click
对象(B)：
Command1
过程(R)：
Click
THISFORM.GRID1.RECORDSOURCE=;
"SELECT 姓名,课程名,成绩 FROM XS JOIN CJ JOIN KC ON KC.课程号=CJ.课程号 ON XS.学号=CJ.学号 ;
WHERE XS.学号=ALLTRIM(THISFORM.TEXT1.VALUE) INTO CURSOR LSB"
SELECT CJ.学号,AVG(成绩) FROM XS,CJ;
WHERE CJ.学号=ALLTRIM(THISFORM.TEXT1.VALUE) AND XS.学号=CJ.学号 INTO ARRAY SZ
THISFORM.TEXT2.VALUE=SZ(1,2)

图 5－6－3 "查询"按钮的 Click 事件代码编辑窗口

按课程查成绩
选择课程：
英语
查询
退出
最高分：
90.0
最低分：
49.0
平均成绩：
71.57
姓名
成绩
朱茵 90.0
张开琪 62.0
刘诗加 49.0
夏子怡 65.0
王一博 81.0
陈碧玉 65.0
张一凡 89.0

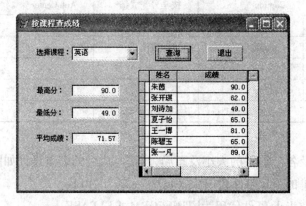

图 5－6－4 AKCCX.SCX 运行窗口

在该表单的数据环境中添加 KC.DBF。

(2)通过表单控件工具栏依次在表单中添加 4 个标签、1 个组合框、3 个文本框、两个命令按钮和 1 个表格控件，如表 5－6－2 所示在属性窗口设置表单及其控件的属性。

表 5－6－2 控件及其属性

| 控件名 | 属性名 | 属性值 | 属性名 | 属性值 |
|---|---|---|---|---|
| Form1 | Caption | 按课程查成绩 | AutoCenter | .T. |

续表

| 控件名 | 属性名 | 属性值 | 属性名 | 属性值 |
|---|---|---|---|---|
| Label1 | Caption | 选择课程： | AutoSize | .T. |
| Label2 | Caption | 最高分： | AutoSize | .T. |
| Label3 | Caption | 最低分： | AutoSize | .T. |
| Label4 | Caption | 平均分： | AutoSize | .T. |
| Combo1 | RowSource | KC.课程名 | RowSourceType | 6 - 字段 |
| Command1 | Caption | 查询 | | |
| Command2 | Caption | 退出 | | |
| Grid1 | RecordSourceType | 4 - SQL 说明 | | |

(3)调整表单及各个控件的大小及布局,设置完成后的表单设计如图5-6-5所示。

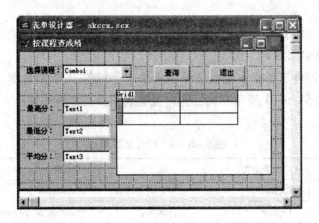

**图5-6-5 AKCCX.SCX 的设计窗口**

(4)"退出"按钮的 Click 事件代码为:THISFORM.RELEASE
"查询"按钮的 Click 事件代码如图5-6-6所示。

**图5-6-6 "查询"按钮的 Click 事件代码编辑窗口**

(5)保存并运行表单。

**3.使用表单设计器制作按班级查询成绩表单 ABJCX.SCX**

表单运行时,在组合框中选择班级名,单击"查询"按钮,在表格中显示该班所有学生的成绩情况,包括班级号、姓名、课程名和成绩4列内容。如图5-6-7所示。

**图5-6-7　ABJCX.SCX 运行窗口**

操作步骤如下。

(1)打开学生成绩管理. pjx,在"文档"选项卡中新建一个表单,保存为 ABJCX.SCX。在该表单的数据环境中添加 BJ.DBF。

(2)通过表单控件工具栏依次在表单中添加1个标签、1个组合框、两个命令按钮和1个表格控件。如表5-6-3所示在属性窗口设置表单及其控件的属性。

**表5-6-3　控件及其属性**

| 控件名 | 属性名 | 属性值 | 属性名 | 属性值 |
| --- | --- | --- | --- | --- |
| Form1 | Caption | 按班级查成绩 | AutoCenter | . T. |
| Label1 | Caption | 选择班级: | AutoSize | . T. |
| Combo1 | RowSource | BJ. 班级名 | RowSourceType | 6 - 字段 |
| Command1 | Caption | 查询 | | |
| Command2 | Caption | 退出 | | |

(3)调整表单及各个控件的大小及布局,设置完成后的表单设计如图5-6-8所示。

(4)"退出"按钮的 Click 事件代码为:THISFORM. RELEASE

"查询"按钮的 Click 事件代码如图5-6-9所示。

(5)保存并运行表单。

**4. 使用表单设计器制作数据备份与恢复表单 BFYHF. SCX**

表单运行时,若在选项组中选中"备份"选项,并选择了要备份的表,那么,单击"确认"按钮后将在当前的文件夹中对被选表进行数据备份;若选择"恢复"选项,并选择了要恢复的表,则单击"确认"按钮后将对被选表进行数据恢复。表单运行结果如图5-6-10所示。

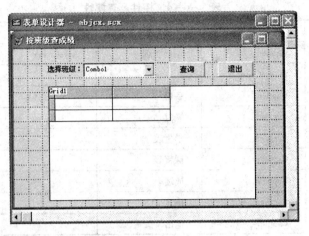

图 5 - 6 - 8　ABJCX. SCX 的设计窗口

图 5 - 6 - 9　"查询"按钮的 Click 事件代码编辑窗口

**注意:**如果要对数据库表进行恢复,必须要将该表先移出数据库!

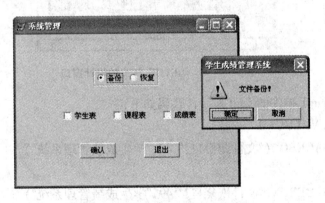

图 5 - 6 - 10　BFYHF. SCX 运行窗口

操作步骤如下。

(1)打开学生成绩管理. pjx,在"文档"选项卡中新建一个表单 Form1,以 BFYHF. SCX 为文件名保存。

(2)通过表单控件工具栏依次在表单中添加 1 个选项按钮组、3 个复选框和 2 个命令按钮控件。如表 5 - 6 - 4 所示在属性窗口设置表单及其控件的属性。

表 5 – 6 – 4   控件及其属性

| 控件名 | 属性名 | 属性值 | 属性名 | 属性值 |
|---|---|---|---|---|
| Form1 | Caption | 系统管理 | AutoCenter | . T. |
| OptionGroup1 | ButtonCount | 2 | | |
| Option1 | Caption | 备份 | | |
| Option2 | Caption | 恢复 | | |
| Check1 | Caption | 学生表 | | |
| Check2 | Caption | 课程表 | | |
| Check3 | Caption | 成绩表 | | |
| Command1 | Caption | 确认 | | |
| Command2 | Caption | 退出 | | |

（3）对 OptionGroup1 控件，还可以使用选项组生成器来设置各选项的标题和布局。调整表单和各控件的大小及布局，设置完成后的表单设计如图 5 – 6 – 11 所示。

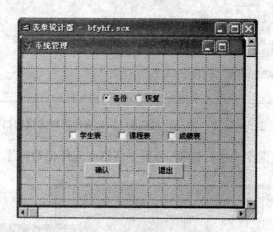

图 5 – 6 – 11   BFYHF. SCX 的设计窗口

（4）OptionGroup1 控件的 CLICK 事件代码如下：

```
IF THIS. VALUE = 1
    MESSAGEBOX("文件备份!!!",49,"学生成绩管理系统")
ELSE
    MESSAGEBOX("文件恢复!!!",49,"学生成绩管理系统")
ENDIF
```

"退出"按钮的 Click 事件代码为：THISFORM. RELEASE

"确认"按钮的 Click 事件代码如图 5 – 6 – 12 所示。

（5）保存并运行表单。

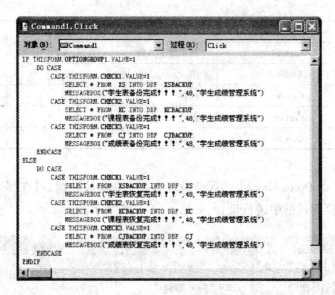

**图 5 - 6 - 12　"确认"按钮的 Click 事件代码编辑窗口**

**5. 选项组和复选框控件使用**

设计一个字体字形设置. SCX,用于改变标签字符的字体字形,表单运行窗口如图 5 - 6 - 13 所示。

**图 5 - 6 - 13　表单的运行窗口**

操作步骤如下。

(1)通过"文件"菜单新建一个表单,保存为:字体字形设置. SCX。

(2)通过表单控件工具栏向该表单中添加 1 个标签控件 label1、1 个选项按钮组控件 OptionGroup1 和 3 个复选框控件。在属性窗口定义表单和各控件属性(如表 5 - 6 - 5 所示)。

**表 5 - 6 - 5　表单控件及其相关属性**

| 控件名 | 属性名 | 属性值 | 属性名 | 属性值 |
|---|---|---|---|---|
| Form1 | Caption | 选项组和复选框 | AutoCenter | . T. |

续表

| 控件名 | 属性名 | 属性值 | 属性名 | 属性值 |
|---|---|---|---|---|
| Label1 | Caption | 知识就是力量 | BackStyle | 0 – 透明 |
| | AutoSize | . T. | FontSize | 24 |
| Check1 | Caption | 粗体 | | |
| Check2 | Caption | 斜体 | | |
| Check3 | Caption | 下划线 | | |

（3）选项按钮组 OptionGroup1 的属性设置类似于命令按钮组,可在属性窗口定义,还可在"选项组生成器"对话框中进行设置,如图 5 – 6 – 14 所示。

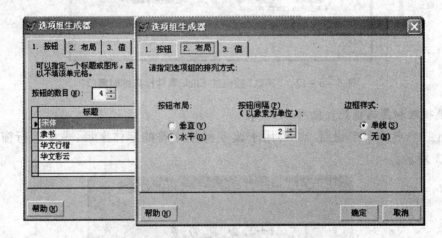

图 5 – 6 – 14　"选项组生成器"对话框

（4）利用布局工具栏调整表单控件布局。表单设计窗口如图 5 – 6 – 15 所示。

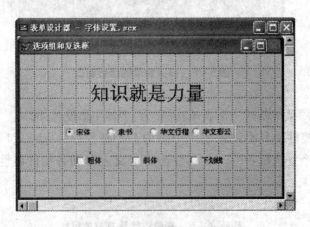

图 5 – 6 – 15　表单的设计窗口

（5）3 个复选框控件的 Click 事件代码分别如下。

　　　Check1:THISFORM. LABEL1. FONTBOLD = THIS. VALUE

　　　Check2:THISFORM. LABEL1. FONTITALIC = THIS. VALUE

Check3：THISFORM. LABEL1. FONTUNDERLINE = THIS. VALUE

（6）选项按钮组 OptionGroup1 的 Click 事件代码如图 5-6-16 所示。

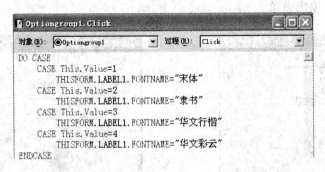

图 5-6-16　OptionGroup1 的 Click 事件代码窗口

（7）保存并运行表单。

## 五、课外练习

1. 单选题

（1）假设有一个表单，其中包含一个选项按钮组，在表单运行启动时，最后触发的事件是（　　）。

A. 表单 Init　　　　　　　　　　　B. 选项按钮的 Init

C. 选项按钮组的 Init　　　　　　　　D. 表单的 Load

（2）在命令按钮组中，决定命令按钮数目的属性是（　　）。

A. ButtonNum　　　　　　　　　　B. ControlSource

C. ButtonCount　　　　　　　　　　D. Value

（3）在一个空白表单中添加一个选项按钮组控件，该控件的默认名称是（　　）。

A. OptionGroup1　　B. Check1　　　　C. Spinner1　　　　D. List1

（4）下列对象中，不属于容器类对象的是（　　）。

A. 页框　　　　　B. 选项组　　　　　C. 表格　　　　　D. 文本框

2. 填空题

（1）表单设计时，可以使用_____ 控件完成单选项的效果。

（2）一个表单需要 4 个命令按钮，可以使用两种方式：分别建立 4 个命令按钮；建立一个命令按钮组。如果采用建一个命令按钮组的方式，首先应设置该控件的 ButtonCount 属性值为_____ 。

3. 上机操作题

（1）制作一个图 5-6-17 所示的名为生成各系学生表. SCX 的表单。在列表框中选择系名，单击"生成表"按钮，可将该系的所有学生记录存入以系名命名的自由表中，自由表中包含该学生的所有信息，并按性别的升序排序。

（2）制作图 5-6-18 所示的表单，保存为计算器. SCX。表单运行时居中，在操作数 1（Label1）和操作数 2（Label2）下的文本框（Text1 和 Text2）中分别输入数字（只接受数值输

入），通过选项按钮组（Optiongroup1）选择计算方法，然后单击命令按钮组 Commandgroup1
的"计算"按钮（Command1），就会在"计算结果"下的文本框中显示计算结果，单击"关闭"
按钮（Command2）退出表单。

图 5 - 6 - 17    表单运行窗口

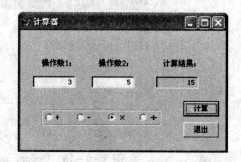

图 5 - 6 - 18    表单运行窗口

# 第 6 章 报表设计

报表是数据库向用户提供数据的主要手段,是常用的打印文档。用户可以控制报表上每个对象的大小和外观,从而按照所需要的方式显示和查看信息,它能非常有效地以特定格式表现用户的数据。

报表设计是应用系统开发的一个重要组成部分。

## 实训 6.1 报表向导和报表设计器

### 一、实训目标

熟练掌握用报表向导设计报表的方法;学会利用报表设计器的"快速报表"功能创建报表;掌握使用报表设计器创建新的报表或修改已有报表的方法;掌握报表的输出方式;能够根据不同需要设计美观实用的报表。

### 二、知识要点

1. 报表的定义

报表中大多数信息来自基本表、查询或 SQL 语句,这些都是报表的数据源。报表的主要作用是将表、查询的数据进行组合,显示经过格式化且分组的信息,报表没有交互功能。

Visual FoxPro 中的报表以 .FRX 文件的形式存储。报表文件只存储报表设计的详细说明,即数据源的位置和格式信息,并不存储每个数据字段的值。

2. 报表的组成

报表主要包括两部分内容:报表数据源和布局。

(1)报表数据源。数据源是报表的数据来源,可以是基本表,也可以是视图或查询结果,报表总是与一定的数据源相联系。可以在报表的"数据环境设计器"窗口设置数据源。

报表数据环境的设置方法和对数据源的管理与表单类似,作用基本相同:数据环境及其所包含的数据源的定义作为报表的一部分与报表一起保存在报表文件中,并随着报表的打开而打开,随着报表的关闭而关闭;当数据源中的数据更新之后,报表将输出更新后的数据内容,而格式保持不变。

(2)报表布局。在创建报表前,首先要根据实际需要确定好所定义报表的布局类型。常用的报表布局类型如表 6-1-1 所示。

表 6 - 1 - 1　报表常用布局类型

| 布局类型 | 说明 | 示例 |
| --- | --- | --- |
| 列报表 | 每个字段一列,字段名在页面上方,字段与其相关数据在同一列,每行一条记录 | 财务报表,分组/总计报表存货清单、销售总结 |
| 行报表 | 每个字段一行,字段名在数据左侧,字段与其相关数据在同一行 | 列表、清单 |
| 一对多报表 | 一条记录或一对多关系,其内容包括父表的记录及其相关子表的记录 | 发票、会计报表 |
| 多栏报表 | 每条记录的字段沿分栏的左边缘竖直放置 | 书目清单、电话号码簿、名片 |

3. 创建报表的方法

（1）通过报表向导创建报表快捷方便。Visual FoxPro 提供两种报表向导：一是基于单表的报表向导；另一种是一对多表单向导，可创建基于两个具有一对多关系的表的报表。

（2）使用报表设计器创建个性化报表。该方法比报表向导更为灵活，能更好地满足用户对报表的不同布局要求。尤其是在报表设计器环境下，使用快速报表（即报表生成器）可以快捷创建简单报表。

在命令窗口执行如下命令可以打开报表设计器创建新报表：

　　CREATE　REPORT <报表文件名>

执行如下命令可打开已有报表及其报表设计器（若报表不存在，系统自动建立）：

　　MODIFY　REPORT <报表文件名>

在实际应用中，通常先使用报表向导或快速报表创建一个简单报表，然后再使用报表设计器对其进行进一步的设计和美化。

4. 报表设计器

当新建一个报表文件时，报表设计器会随之打开。此时的报表是一个空白报表，默认包含"页标头""细节"和"页注脚"3 个基本带区。同时，出现报表控件工具栏和报表设计器工具栏，在主菜单栏出现"报表"菜单项，如图 6 - 1 - 1 所示。相关工具栏可通过"显示"菜单显示或隐藏。

各带区的作用主要是控制数据在页面上的打印位置，带区名显示在该带区下面的标识栏上。在打印或预览报表时，系统会以不同方式处理各个带区中的数据。

此外，报表还包括标题、总结、组标头、组注脚、列标头和列注脚 6 个带区，用户可根据需要进行添加或删除。各带区的作用如表 6 - 1 - 2 所示。

表 6 - 1 - 2　报表带区及其作用

| 带区 | 作用 |
| --- | --- |
| 标题 | 每张报表开头打印一次或单独占用一页 |
| 页标头 | 每个页面前面打印一次,例如列报表的字段名称 |
| 细节 | 每条记录打印一次,例如各记录的字段值 |

续表

| 带区 | 作用 |
|------|------|
| 页注脚 | 每个页面后面打印一次,例如页码和日期 |
| 组标头 | 数据分组时每组前面打印一次 |
| 组注脚 | 数据分组时每组后面打印一次 |
| 总结 | 每张报表最后一页打印一次或单独占用一页 |

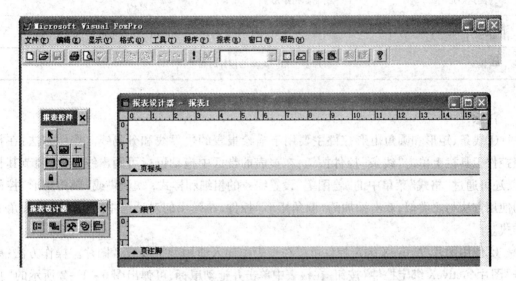

**图 6 - 1 - 1　报表设计器**

5. 报表工具栏

利用报表设计器工具栏上的按钮可以更方便地进行报表设计。该工具栏上的按钮从左至右的功能如下所述。

(1)"数据分组"按钮:显示数据分组对话框,用户创建数据分组及指定其属性。

(2)"数据环境"按钮:打开报表的数据环境设计器窗口。

(3)"报表控件工具栏"按钮:显示或隐藏报表控件工具栏。

(4)"调色板工具栏"按钮:显示或隐藏调色板工具栏。

(5)"布局工具栏"按钮:显示或隐藏布局工具栏。

其中,报表控件工具栏上各图标按钮的作用如表 6 - 1 - 3 所示。

**表 6 - 1 - 3　报表控件及作用**

| 控件 | 功能 |
|------|------|
| ▶ 选定按钮 | 移动或更改控件的大小。在创建一个控件后,系统将自动选定该按钮 |
| A 标签 | 创建一个标签控件,用于输入并显示数据记录之外的内容 |

续表

| 控件 | 功能 |
| --- | --- |
| abl 域控件 | 创建一个表达式控件,用于显示字段、内存变量或其他表达式的内容 |
| 十 线条 | 绘制线条 |
| □ 矩形 | 绘制矩形 |
| ● 圆角矩形 | 绘制圆角矩形 |
| OLE 图片/ActiveX 绑定控件 | 创建一个图形控件,用于显示图片或通用型字段的内容 |
| 锁定 | 添加多个相同类型的控件时可使用 |

**注意:**

①线条、矩形和圆角矩形控件主要用于描绘报表的边界线和分隔线。操作方法:在报表控件工具栏上单击"线条"控件按钮,在报表的带区中拖动鼠标可画出线条,可调节其长度,还可通过"格式"菜单中的"绘图笔"设置线条的粗细和样式;"矩形"或"圆角矩形"控件的使用方法与之类似,双击添加的"圆角矩形"控件,在弹出的对话框中还可以设置圆角的样式。

②使用图片/ActiveX 绑定控件可以在报表中插入通用型字段或者图片。操作方法:单击"图片/ActiveX 绑定控件"按钮,在报表中单击并拖动鼠标,可弹出图 6 - 1 - 2 所示的"报表图片"对话框。

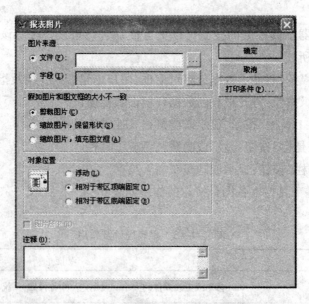

图 6 - 1 - 2　在报表中插入图片或通用型字段内容

若要在报表上显示静态图片,可选择"图片来源"中的"文件"选项指定图片文件所在的路径和名称插入图片文件;若要根据记录更改显示图片,则选择"字段"选项将该控件与一个通用型字段绑定即可。当图片与控件的图文框大小不一致时,有 3 种选择,可根据需要在其中设置图片的放置方法。

6.控件操作与布局

用户可以根据需要更改控件在报表中的位置和尺寸。可以更改单个控件,也可以将一组控件作为一个单元来处理。

(1)控件选定。若选定一个控件,单击该控件即可;若要选择相邻的多个控件,可在控件周围按住鼠标左键进行圈选;若选择多个不相邻的控件,可按住【Shift】键,再依次单击各控件即可。

(2)控件操作。选择了控件后,要移动控件,只需要用鼠标将其拖动到新位置;用鼠标指向控件的控点可调整控件大小;执行"编辑"菜单的"复制"和"粘贴"命令可进行控件的复制;要删除控件,可直接单击键盘上的【Delete】键。

(3)调整控件的对齐方式。执行"显示"菜单的"布局工具栏"命令,或单击报表设计器工具栏上的"布局工具栏"按钮均可显示,如图 6 - 1 - 3 所示。

图 6 - 1 - 3　布局工具栏

选择要对齐的多个控件,再单击该工具栏上的相应按钮即可。

## 三、实训环境

每名学生配备一台已安装了 Windows XP 或以上版本及 Visual FoxPro 6.0 的计算机,并已完成本实训所需表的创建。

## 四、实训内容

1.使用报表向导创建报表

在学生成绩管理.pjx 中使用报表向导创建 XS.FRX:选择 XS.DBF 中除了"简历"和"照片"以外的所有字段;记录不分组;报表样式为经营式;列数为 1,字段为列布局,方向为纵向;按学号升序排序记录。

操作步骤如下。

(1)打开学生成绩管理.pjx,在其项目管理器的"文档"选项卡中使用报表向导新建一个报表,打开图 6 - 1 - 4 所示的"报表向导"对话框。

(2)按照向导提示首先进行字段选取。选定 XS.DBF,在"可用字段"列表框中,除了简历、照片以外的其他字段都添加到"选定字段"。

(3)不分组;选择报表样式为经营式;采用列字段布局,列数为 1,方向为纵向;按学号字段升序排序。

(4)单击"预览"按钮,报表预览结果如图 6 - 1 - 5 所示。

图 6－1－4　"报表向导"对话框

| 学号 | 姓名 | 性别 | 出生日期 | 系别 | 专业 | 班级号 |
|---|---|---|---|---|---|---|
| 07110101 | 张一凡 | 女 | 01/14/89 | 信息系 | 会计电算化 | 071101 |
| 07210101 | 章炯 | 男 | 12/03/88 | 会计系 | 会计 | 072101 |
| 07210202 | 刘诗加 | 女 | 03/15/89 | 会计系 | 会计 | 072102 |
| 07320106 | 高明 | 女 | 01/25/90 | 财税系 | 建筑工程 | 073201 |
| 07410102 | 王丽雯 | 女 | 08/30/89 | 工商系 | 市场营销 | 074101 |
| 07410103 | 刘家林 | 男 | 02/03/89 | 工商系 | 市场营销 | 074101 |
| 08110101 | 李林 | 男 | 02/23/90 | 信息系 | 会计电算化 | 081101 |
| 08110202 | 夏子怡 | 女 | 12/06/89 | 信息系 | 会计电算化 | 081102 |
| 08120103 | 林涛 | 男 | 11/28/89 | 信息系 | 信息管理 | 081201 |
| 08130102 | 郑小娟 | 女 | 04/03/90 | 信息系 | 电子商务 | 081301 |
| 08220303 | 陈碧玉 | 女 | 12/25/89 | 会计系 | 财务管理 | 082203 |
| 08230204 | 朱茵 | 女 | 10/07/90 | 会计系 | 会计与审计 | 082302 |
| 08230401 | 王一博 | 男 | 10/17/90 | 会计系 | 会计与审计 | 082304 |

**XS**
*04/13/12*

图 6－1－5　XS. FRX 报表预览窗口

（5）单击"完成"按钮,将报表保存为 XS. FRX。

**2. 使用一对多报表向导创建报表**

在学生成绩管理. pjx 中创建 XSCJ. FRX:选择父表 XS. DBF 中的学号、姓名、系别、专业和班级号字段,子表 CJ. DBF 中的所有字段;按学号升序排序;报表样式为账务式;方向为纵向;标题为:学生成绩一览表。

操作步骤如下。

(1)使用一对多报表向导新建一个报表,打开图 6 - 1 - 6 所示的对话框。

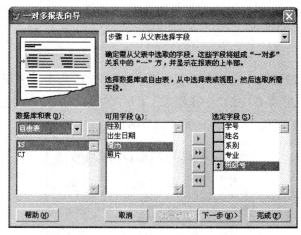

图 6 - 1 - 6  "一对多报表向导"对话框

(2)按照向导提示,首先将父表 XS.DBF 中的学号、姓名、系别、专业班级号等字段依次添加到"选定字段",然后再添加子表 CJ.DBF 的全部字段,在学号字段上建立两表之间的关系;按学号字段升序排序;选择报表的样式为账务式,方向为纵向。

(3)修改报表标题为:学生成绩一览表;以 XSCJ.FRX 为文件名保存报表。

(4)报表预览结果如图 6 - 1 - 7 所示。

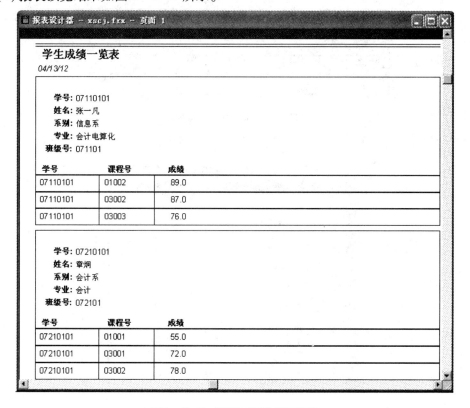

图 6 - 1 - 7  XSCJ.FRX 报表预览

**3. 使用快速报表创建报表**

在学生成绩管理. pjx 中创建快速报表 KC. FRX；选取 KC. DBF 中的所有字段；字段为列布局。

操作步骤如下。

（1）打开学生成绩管理. pjx，在其项目管理器的"文档"选项卡中新建一个报表，打开报表设计器。执行"报表"菜单中的"快速报表"命令，在打开的对话框中选择 KC. DBF 为数据源，单击"确定"按钮，打开图 6 - 1 - 8 所示的对话框。

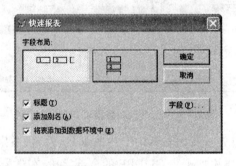

图 6 - 1 - 8    "快速报表"对话框

（2）字段布局采用系统默认的列布局，单击"字段(F)..."按钮，选择该表中的全部字段，单击"确定"按钮。保存报表，文件名为 KC. FRX，如图 6 - 1 - 9 所示。

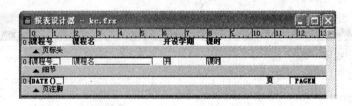

图 6 - 1 - 9    创建快速报表

（3）单击常用工具栏上的"预览"按钮，报表预览结果如图 6 - 1 - 10 所示。

图 6 - 1 - 10    "快速报表"预览窗口

4. 使用报表设计器创建报表

根据实训 3.4 定义的课程成绩视图创建 KCCJ.FRX:选取该视图中的所有字段;字段为列布局。

操作步骤如下。

(1)打开成绩管理.DBC。在学生成绩管理.pjx 中新建一个报表,打开报表设计器,保存为 KCCJ.FRX。

(2)执行"显示"菜单中的"数据环境"命令,打开数据环境设计器,在其中添加课程成绩视图。将该视图的所有字段依次拖曳到"细节"带区;在"页标头"带区为每个字段添加标签控件,其标题对应"细节"带区中的各个字段的名字。

(3)选定"页标头"带区中的所有控件,在布局工具栏中单击"顶边对齐"或"底边对齐"按钮进行对齐排列;设置适当的字体和字号。按照同样的方法设置"细节"带区中的各个控件,并使两个带区中的相应控件对应。如图 6-1-11 所示。

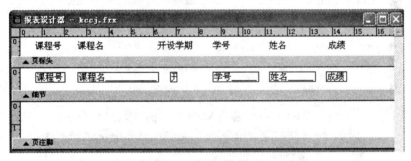

图 6-1-11 使用报表设计器创建报表

(4)保存报表,报表预览结果如图 6-1-12 所示。

5. 使用报表设计器修改报表

修改 KC.FRX,将图 6-1-10 所示报表预览修改为图 6-1-13 所示的报表预览。

操作步骤如下。

(1)在学生成绩管理.pjx 中打开 KC.FRX,报表设计器随之打开。

(2)执行"报表"菜单中的"标题/总结"命令,打开"标题/总结"对话框,选中"标题带区"复选框,即在报表中添加"标题"带区。在该带区添加一个标签控件,标题为:课程信息一览表。选中该标签,执行"格式"菜单中的"字体"命令,设置其字体为:华文行楷、常规、二号。

(3)选中"页标头"带区中的所有控件,按照类似的方法设置其字体为:仿宋、常规、小四;设置"细节"带区中的所有控件字体为:仿宋、常规、五号。

(4)在"页标头"带区中添加两个线条控件,分别置于字段名的上下位置。按住【Shift】键将其选定,执行"格式"菜单中的"绘图笔"命令,将其粗细设置为 2 磅。

(5)在标题带区添加一个图片/ActiveX 绑定控件,设置图片来源为当前文件夹中的 f1.bmp,并选择在图片缩放时,保留形状。

(6)将"页注脚"带区中的域控件 date( )移到报表的右上角、报表标题的下侧位置。调整各带区的宽度,调整图片控件的大小和位置,以显示的结果美观为佳。报表预览结果如图 6-1-13 所示,完成修改后保存报表并关闭报表设计器。

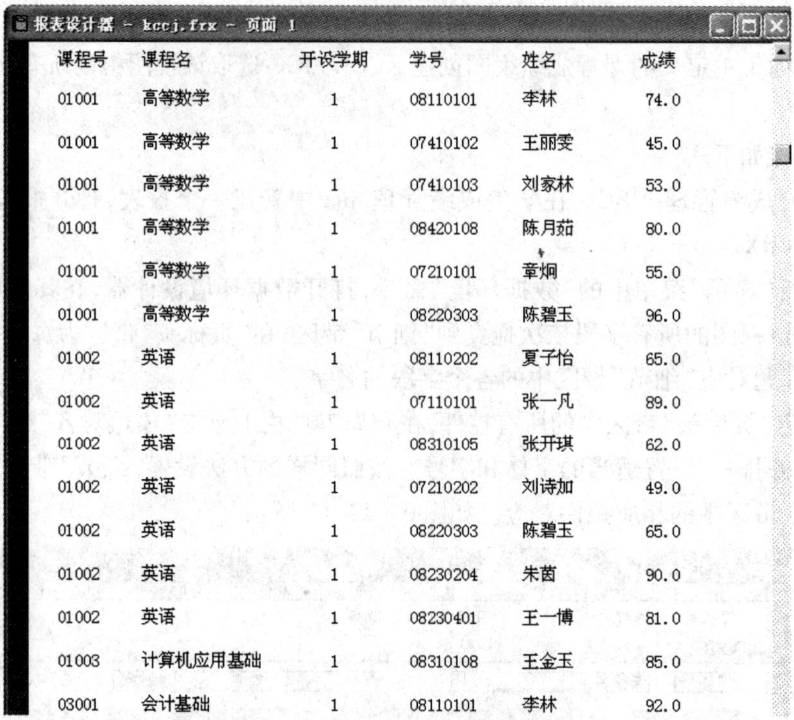

| 课程号 | 课程名 | 开设学期 | 学号 | 姓名 | 成绩 |
|---|---|---|---|---|---|
| 01001 | 高等数学 | 1 | 08110101 | 李林 | 74.0 |
| 01001 | 高等数学 | 1 | 07410102 | 王丽雯 | 45.0 |
| 01001 | 高等数学 | 1 | 07410103 | 刘家林 | 53.0 |
| 01001 | 高等数学 | 1 | 08420108 | 陈月茹 | 80.0 |
| 01001 | 高等数学 | 1 | 07210101 | 章炯 | 55.0 |
| 01001 | 高等数学 | 1 | 08220303 | 陈碧玉 | 96.0 |
| 01002 | 英语 | 1 | 08110202 | 夏子怡 | 65.0 |
| 01002 | 英语 | 1 | 07110101 | 张一凡 | 89.0 |
| 01002 | 英语 | 1 | 08310105 | 张开琪 | 62.0 |
| 01002 | 英语 | 1 | 07210202 | 刘诗加 | 49.0 |
| 01002 | 英语 | 1 | 08220303 | 陈碧玉 | 65.0 |
| 01002 | 英语 | 1 | 08230204 | 朱茵 | 90.0 |
| 01002 | 英语 | 1 | 08230401 | 王一博 | 81.0 |
| 01003 | 计算机应用基础 | 1 | 08310108 | 王金玉 | 85.0 |
| 03001 | 会计基础 | 1 | 08110101 | 李林 | 92.0 |

图 6-1-12　报表 KCCJ.FRX 的预览窗口

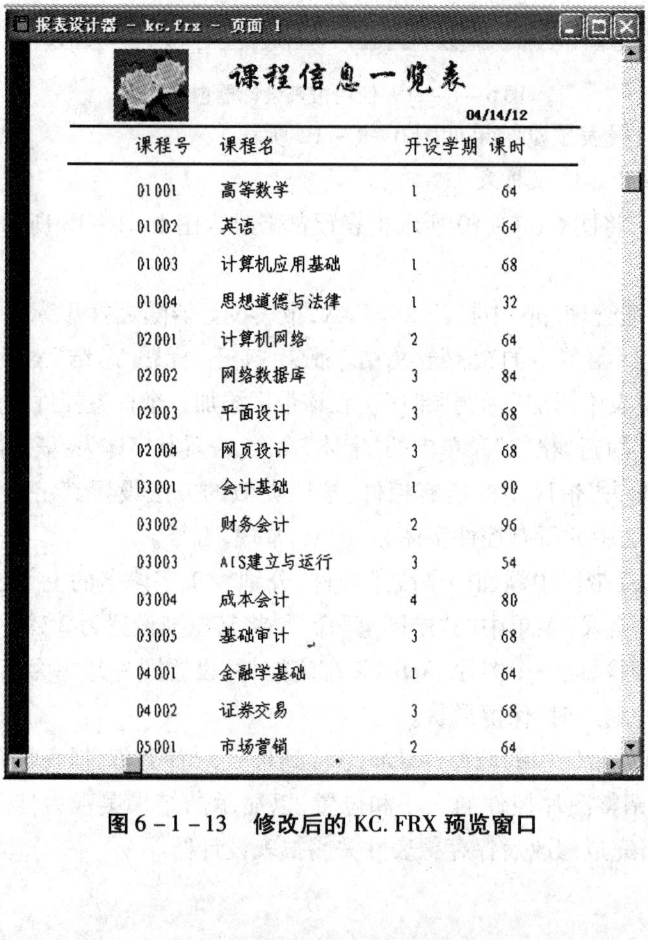

课程信息一览表
04/14/12

| 课程号 | 课程名 | 开设学期 | 课时 |
|---|---|---|---|
| 01001 | 高等数学 | 1 | 64 |
| 01002 | 英语 | 1 | 64 |
| 01003 | 计算机应用基础 | 1 | 68 |
| 01004 | 思想道德与法律 | 1 | 32 |
| 02001 | 计算机网络 | 2 | 64 |
| 02002 | 网络数据库 | 3 | 84 |
| 02003 | 平面设计 | 3 | 68 |
| 02004 | 网页设计 | 3 | 68 |
| 03001 | 会计基础 | 1 | 90 |
| 03002 | 财务会计 | 2 | 96 |
| 03003 | AIS建立与运行 | 3 | 54 |
| 03004 | 成本会计 | 4 | 80 |
| 03005 | 基础审计 | 3 | 68 |
| 04001 | 金融学基础 | 1 | 64 |
| 04002 | 证券交易 | 3 | 68 |
| 05001 | 市场营销 | 2 | 64 |

图 6-1-13　修改后的 KC.FRX 预览窗口

## 五、课外练习

1.单选题

(1)报表文件的扩展名是( )。

A. RPT              B. FRX              C. REP              D. RPX

(2)若要在报表中加入文字说明,应插入一个( )。

A. 表达式控件        B. 域控件            C. 标签控件          D. 文件控件

(3)在报表设计器中可以使用的控件是( )。

A. 标签、域控件和线条                    B. 标签、域控件和列表框

C. 标签、文件框和列表框                  D. 布局和数据源

(4)报表的基本带区包括( )。

A. 标题、细节和总结                      B. 页标头、细节和页注脚

C. 组标头、细节和组注脚                  D. 标题、细节和页注脚

(5)表文件中的记录数据显示在报表的( )。

A. 标题带区          B. 细节带区          C. 页标头带区        D. 页注脚带区

(6)不管使用哪种方法创建的报表文件,都可以用( )修改。

A. 报表设计器        B. 表设计器          C. 数据库设计器      D. 标签设计器

2.填空题

(1)报表的两个基本组成部分分别是_____和_____。

(2)报表的数据源可以是_____、_____和_____。

(3)若要在报表中添加标题带区,需要在"报表"菜单中选择_____命令,在弹出的对话框中勾选_____复选框。

(4)若报表使用随时更新的数据源,则可将该数据源添加到报表的_____中。

3.上机操作题

使用报表设计器修改 XS. FRX 和 KCCJ. FRX,预览效果如图6-1-14、6-1-15所示。

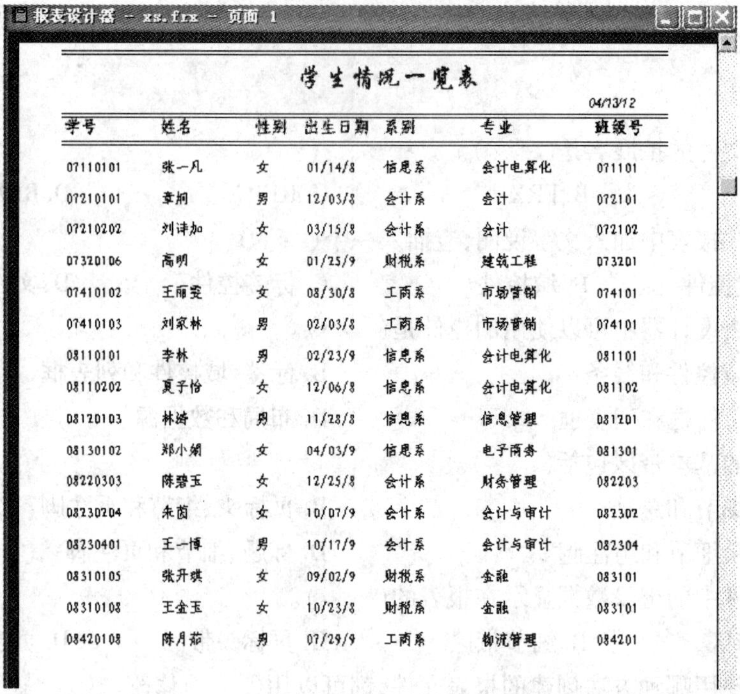


学生情况一览表

04/13/12

| 学号 | 姓名 | 性别 | 出生日期 | 系别 | 专业 | 班级号 |
|---|---|---|---|---|---|---|
| 07110101 | 张一凡 | 女 | 01/14/8 | 信息系 | 会计电算化 | 071101 |
| 07210101 | 章炯 | 男 | 12/03/8 | 会计系 | 会计 | 072101 |
| 07210202 | 刘诗加 | 女 | 03/15/8 | 会计系 | 会计 | 072102 |
| 07320106 | 高明 | 女 | 01/25/9 | 财税系 | 建筑工程 | 073201 |
| 07410102 | 王丽雯 | 女 | 08/30/8 | 工商系 | 市场营销 | 074101 |
| 07410103 | 刘家林 | 男 | 02/03/8 | 工商系 | 市场营销 | 074101 |
| 08110101 | 李林 | 男 | 02/23/9 | 信息系 | 会计电算化 | 081101 |
| 08110202 | 夏子怡 | 女 | 12/06/8 | 信息系 | 会计电算化 | 081102 |
| 08120103 | 林涛 | 男 | 11/28/8 | 信息系 | 信息管理 | 081201 |
| 08130102 | 郑小娟 | 女 | 04/03/9 | 信息系 | 电子商务 | 081301 |
| 08220303 | 陈碧玉 | 女 | 12/25/8 | 会计系 | 财务管理 | 082203 |
| 08230204 | 朱茵 | 女 | 10/07/9 | 会计系 | 会计与审计 | 082302 |
| 08230401 | 王一博 | 男 | 10/17/9 | 会计系 | 会计与审计 | 082304 |
| 08310105 | 张开琪 | 女 | 09/02/9 | 财税系 | 金融 | 083101 |
| 08310108 | 王金玉 | 女 | 10/23/8 | 财税系 | 金融 | 083101 |
| 08420108 | 陈月茹 | 男 | 07/29/9 | 工商系 | 物流管理 | 084201 |

图 6-1-14 修改后的 XS. FRX 预览窗口

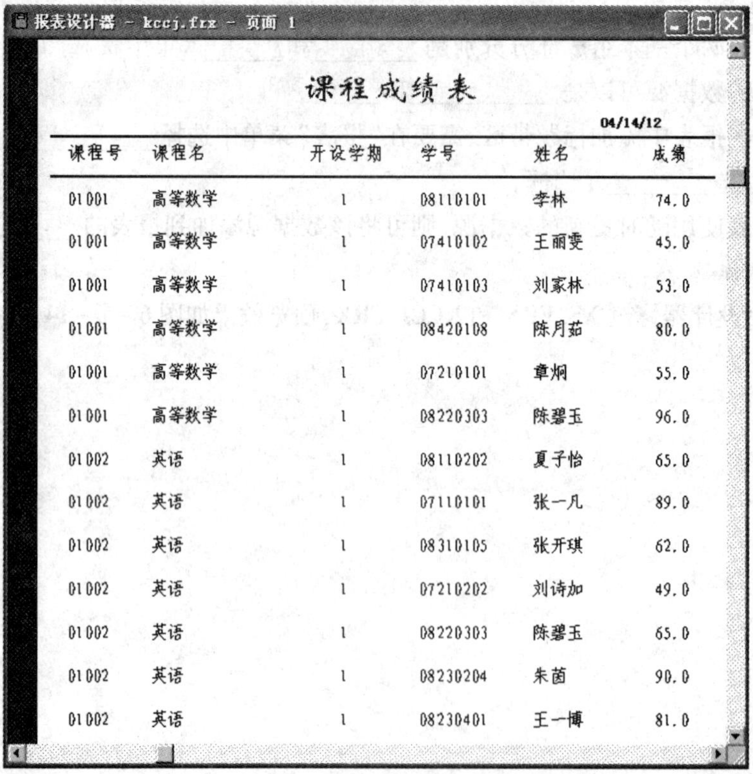


课程成绩表

04/14/12

| 课程号 | 课程名 | 开设学期 | 学号 | 姓名 | 成绩 |
|---|---|---|---|---|---|
| 01001 | 高等数学 | 1 | 08110101 | 李林 | 74.0 |
| 01001 | 高等数学 | 1 | 07410102 | 王丽雯 | 45.0 |
| 01001 | 高等数学 | 1 | 07410103 | 刘家林 | 53.0 |
| 01001 | 高等数学 | 1 | 08420108 | 陈月茹 | 80.0 |
| 01001 | 高等数学 | 1 | 07210101 | 章炯 | 55.0 |
| 01001 | 高等数学 | 1 | 08220303 | 陈碧玉 | 96.0 |
| 01002 | 英语 | 1 | 08110202 | 夏子怡 | 65.0 |
| 01002 | 英语 | 1 | 07110101 | 张一凡 | 89.0 |
| 01002 | 英语 | 1 | 08310105 | 张开琪 | 62.0 |
| 01002 | 英语 | 1 | 07210202 | 刘诗加 | 49.0 |
| 01002 | 英语 | 1 | 08220303 | 陈碧玉 | 65.0 |
| 01002 | 英语 | 1 | 08230204 | 朱茵 | 90.0 |
| 01002 | 英语 | 1 | 08230401 | 王一博 | 81.0 |

图 6-1-15 修改后的 KCCJ. FRX 预览窗口

# 实训 6.2　分组报表和多栏报表设计

## 一、实训目标

掌握分组报表的设计方法,并能根据需要设计美观实用的分组报表;会进行多栏报表的设计与制作;掌握报表页面的定义方法及输出方式。

## 二、知识要点

一个报表可以设置一个或多个数据分组,组的分隔基于由一个或多个字段组成的分组表达式。除了分隔每组记录,还可为分组添加介绍及总结性数据。

对报表进行数据分组时,报表会自动添加"组标头"和"组注脚"两个带区。

1. 设置报表的记录顺序

设置分组报表时,必须先对数据源进行适当的索引或者排序。通过为表设置当前索引,或在数据环境中使用视图、查询结果来达到分组显示记录的目的。

设置当前索引可使用如下命令:

　　SET　ORDER　TO　索引名

也可以在数据环境设计器窗口中设置。具体方法:首先打开要设置分组的报表的数据环境设计器窗口,右击要设置当前索引的表,在弹出的快捷菜单中选择"属性"命令,打开"属性"对话框,选定"Order"选项,再从索引下拉列表框中选定一个索引即可,具体操作见本实训的例2。

2. 设计分组报表

可通过报表向导创建分组报表,也可利用报表设计器定制分组报表。

使用报表设计器设计分组报表时,执行"报表"菜单中的"数据分组"命令,或单击报表设计器工具栏上的"数据分组"按钮,均可打开数据分组对话框。在其中选定 1 个分组表达式即进行一级数据分组。

分组之后,报表布局就有了"组标头"和"组注脚"两个带区,可以向其中放置需要的任何控件。通常是把分组所用的域控件从"细节"带区移到"组标头"带区。

如果需要对分组数据进行统计,可在"组注脚"带区添加域控件,具体操作见本实训的例2。

设置多级数据分组报表时,要注意分组的级与多重索引的关系。其数据源必须能分出级别。如 XS. DBF 中有系别和专业字段,如果要使每个系的记录集中显示为一组,而每个系的每个专业的记录也连续显示为一组,则必须建立基于关键字表达式(系名 + 专业)的多重索引。

3. 设计多栏报表

多栏报表即将报表设计成多列,其实质是对报表的页面进行设置。在报表设计器环境下,将"页面设置"对话框中的"列数"值调整为大于 1,此时在报表设计器窗口中会自动出现"列标头"和"列注脚"带区,可根据需要在这两个带区中添加相应控件。还可以设置包括页边距、列宽、报表打印的纸张大小和方向等。具体操作见本实训的例3。

4.报表输出

设计报表的最终目的是按照一定的格式输出符合要求的数据。在报表打印输出之前,应首先进行页面设置,例如页边距、打印区域和打印设置等。

通过报表预览查看报表的页面外观,如果满足要求则进行打印输出。可使用以下两种方法预览报表。

①在报表设计器打开时,执行"文件"菜单中的"预览"命令或单击常用工具栏中的"预览"按钮预览报表。

②如果没有打开报表文件,可在命令窗口或程序中执行如下命令预览报表:

REPORT　FORM　<报表文件名> 　PREVIEW

报表预览窗口打开后会自动出现打印预览工具栏,使用工具栏上的图标按钮可以方便地对报表进行预览和打印操作。

打印报表也可以使用两种方法。

①如果打开了报表文件,可执行"文件"菜单中的"打印"命令或常用工具栏中的"打印"按钮打印报表。其中使用"文件"菜单中的"打印"命令会弹出"打印"对话框,可对打印的参数做相应的设置后打印。

②如果没有打开报表文件,可在命令窗口或程序中使用如下命令打印报表:

REPORT　FORM　<报表文件名> TO PRINTER

## 三、实训环境

每名学生配备一台已安装了 Windows XP 或以上版本及 Visual FoxPro 6.0 的计算机,并已完成实训6.1的内容。

## 四、实训内容

1.使用报表向导设计分组报表

设计一个名为 BJCJC. FRX 的班级成绩册报表,其中包括班级名、学号、姓名、课程号、课程名和成绩等信息。

操作步骤如下。

(1)在学生成绩管理. pjx 中打开成绩管理. DBC。在"文档"选项卡中使用报表向导新建一个报表。

(2)选定数据库中的学生成绩视图为数据源,将其所有字段添加到"选定字段";选择班级名字段作为分组字段;报表样式和报表布局采用系统默认;不排序。

(3)修改报表标题为:班级成绩册,报表预览结果如图6-2-1所示。

(4)以名为 BJCJC. FRX 保存报表。使用"报表设计器"对其进行修改美化后的报表预览如图6-2-2所示。

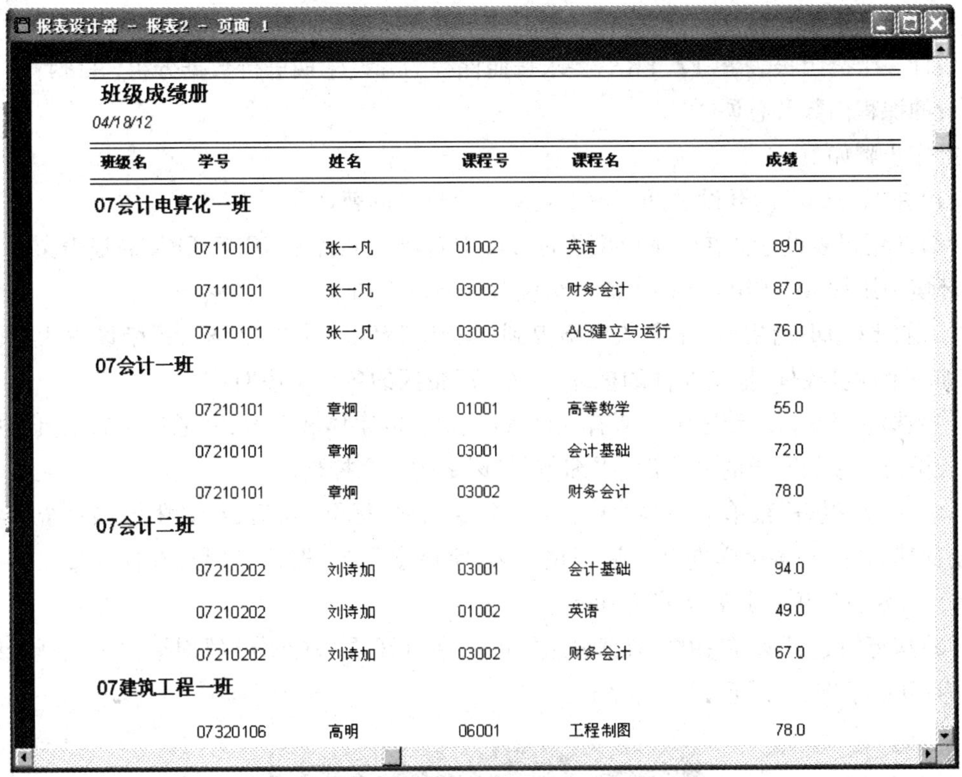


图 6-2-1　分组报表 BJCJC. FRX 的预览窗口

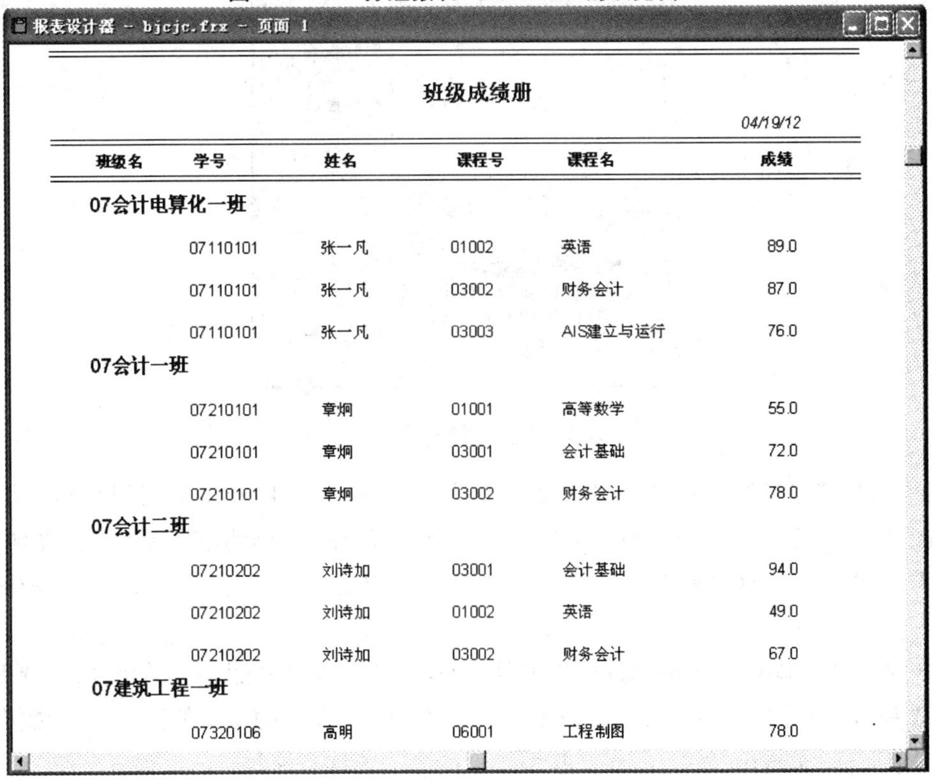


图 6-2-2　美化后的分组报表预览窗口

**2. 使用报表设计器设计分组报表**

设计一个分组报表 KCFZ. FRX,要求按照课程的开设学期进行数据分组,并统计每个学期开设的课程门数及总课时。

操作步骤如下。

(1)在 KC. DBF 的开设学期字段上建立一个升序的普通索引。

(2)使用报表设计器在学生成绩管理. pjx 中新建一个名为 KCFZ. FRX 的报表文件。在数据环境中添加 KC. DBF,并将当前索引设置为开设学期。

(3)将 KC. DBF 的所有字段依次拖曳到"细节"带区。并在"页标头"带区中为每个字段添加一个标签控件,标签控件的标题与"细节"带区的各个字段对应。

(4)选定"页标头"带区中的所有控件,设置适当的字体和字号,并通过布局工具栏中进行对齐排列。按照同样的方法设置"细节"带区中的各个控件。

(5)执行"报表"菜单中的"标题/总结"命令添加"标题"带区,在其中添加一个标签控件,设置其标题为:各个学期开设课程情况表,字体字号为:楷体、三号;在标题带区右下方添加一个域控件,确定其表达式为:date( )。

(6)执行"报表"菜单中的"数据分组"命令,在打开的"数据分组"对话框中选择分组表达式为:开设学期,如图 6 - 2 - 3 所示。

图 6 - 2 - 3　设置数据分组

(7)单击"确定"按钮后,报表设计器窗口增加了"组标头 1:开设学期"和"组注脚 1:开设学期"两个带区。调整两个带区的宽度,将细节带区中的"开设学期"域控件拖曳到"组标头 1"带区,置于该带区最前面,对应的"开设学期"标签控件也置于页标头带区最前面与之对齐。

(8)在"组注脚 1"带区中添加标签控件:课程门数:,在其右侧添加域控件,设置表达式值为:课程号,如图 6 - 2 - 4 所示。单击"计算"按钮,在弹出的"计算字段"对话框中选择"计数"单选框,如图 6 - 2 - 5 所示。按照类似的方法统计总课时。

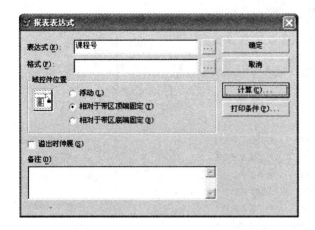

图 6-2-4 "报表表达式"对话框    图 6-2-5 "计算字段"对话框

(9)在报表中添加适当的线条控件并进行设置。调整控件的位置及各控件的字体、字号使其美观大方。保存修改,报表设计器窗口如图 6-2-6 所示,报表预览效果如图 6-2-7 所示。

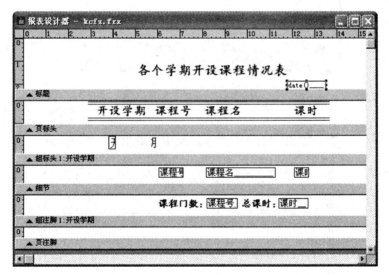

图 6-2-6 修改后的报表设计器窗口

3. 多栏报表设计

以 KC. DBF 为数据源设计一个多栏报表 KCLIST. FRX。

操作步骤如下。

(1)新建一个报表,保存为:KCLIST. FRX。在数据环境中添加数据源 KC. DBF。

(2)打开"页面设置"对话框,设置列数为 2,左页边距为 2,如图 6-2-8 所示。

(3)单击"确定"按钮后,在报表设计器中将添加占页面二分之一的两个带区:"列标头"带区和"列注脚"带区。同时页面布局将按新的页边距显示。

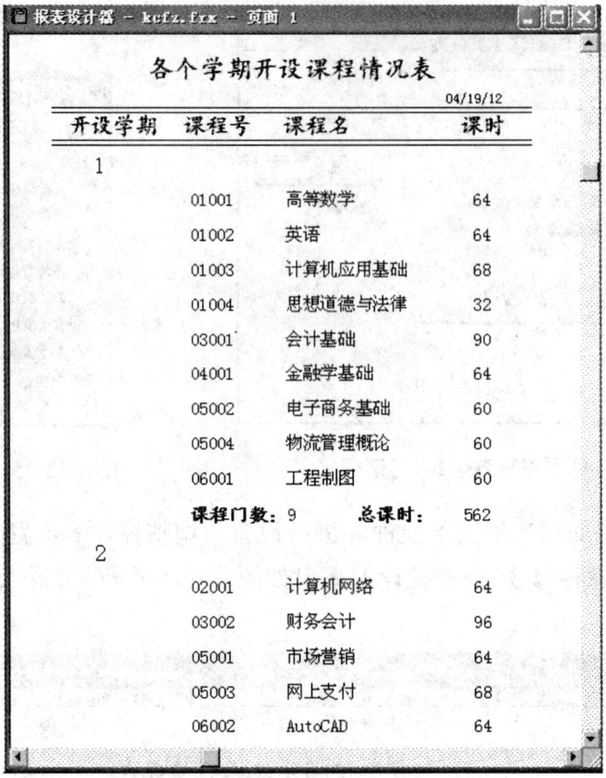

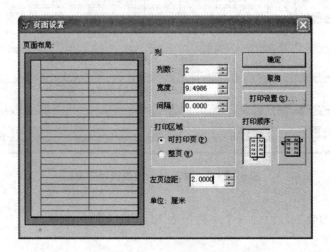

图 6 - 2 - 7　报表预览效果

图 6 - 2 - 8　设置多栏报表

　　(4)将 KC.DBF 的课程名和课时两个字段分别拖曳到报表设计器的"细节"带区,调整对齐方式;在这两个字段下面添加一个线条控件,设置其为点划线;在"页标头"带区添加一个标签控件,设置其标题为:课程目录,字体字号为:楷体、二号,水平方向和垂直方向都居中;在该标签控件下添加两个线条控件,调整其长度相同,并设置下面线条的宽度为 2 磅。设置好的报表设计器窗口如图 6 - 2 - 9 所示。

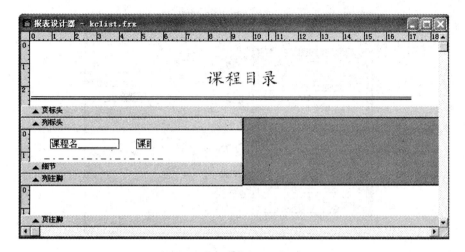

图 6 - 2 - 9　报表设计器窗口

（5）保存报表,预览报表,结果如图 6 - 2 - 10 所示。

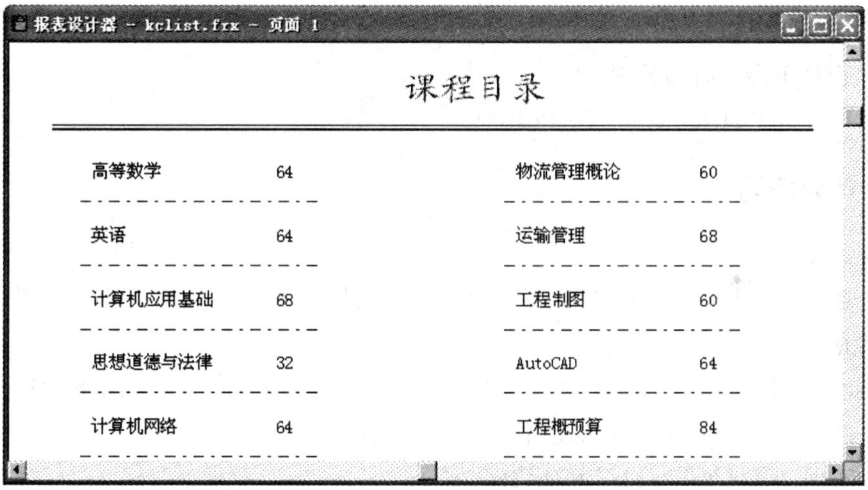

图 6 - 2 - 10　多栏报表的预览窗口

**4. 定义报表的页面**

设置 KCFZ. FRX 的左页边距为 1 厘米,A4 纸,纵向打印。

操作步骤如下。

（1）打开 KCFZ. FRX,其报表设计器窗口随之打开。

（2）在"页面设置"对话框中进行图 6 - 2 - 11 所示的设置。

（3）单击"打印设置"按钮,在打印设置对话框中设置纸张大小为:A4,打印方向为:纵向。

（4）单击"确定"按钮完成设置,保存文件即可。

**5. 预览报表 KCFZ. FRX 并进行打印输出**

具体操作:打开 KCFZ. FRX,单击常用工具栏上的"打印预览"按钮可预览该报表,也可

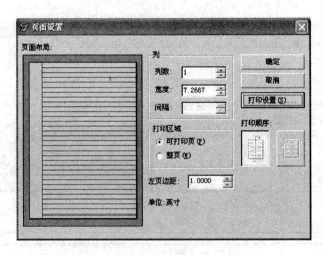

图 6 - 2 - 11　"页面设置"对话框

在命令窗口执行如下命令预览报表：

REPORT FORM KCFZ PREVIEW

要打印输出该报表，可连接打印机，再单击"打印"按钮即可打印当前报表。也可在命令窗口执行如下命令打印报表：

REPORT FORMKCFZ TO PRINTER

## 五、课外练习

1. 选择题

（1）要在报表中显示当前日期，可通过"报表控件"工具栏中的（　　　）将函数 date( )写入报表带区。

A. 标签控件　　　　　　B. 域控件　　　　　　C. 日期控件　　　　　　D. 图片控件

（2）在命令窗口中，预览报表文件 xsll. frx 的命令是（　　　）。

A. DO REPORT XSLL. FRX PREVIEW

B. CREATE REPORT XSLL. FRX

C. REPORT FROM XSLL. FRX TO PREVIEW

D. REPORT FORM XSLL. FRX TO PREVIEW

2. 填空题

（1）如果在"报表"菜单中执行并添加了_____，则会在报表中自动添加"组标头"和"组注脚"两个带区。

（2）为创建多栏报表，在"文件"菜单中执行_____命令，在弹出的对话框中将"列数"值调整为大于1，此时在报表设计器窗口会自动添加_____和_____两个带区。

（3）为使分组报表中数据正确，数据源中的数据应该按分组字段_____。

3. 上机操作题

创建学生成绩单 XSCJD. FRX，报表预览结果如图 6 - 2 - 12 所示。

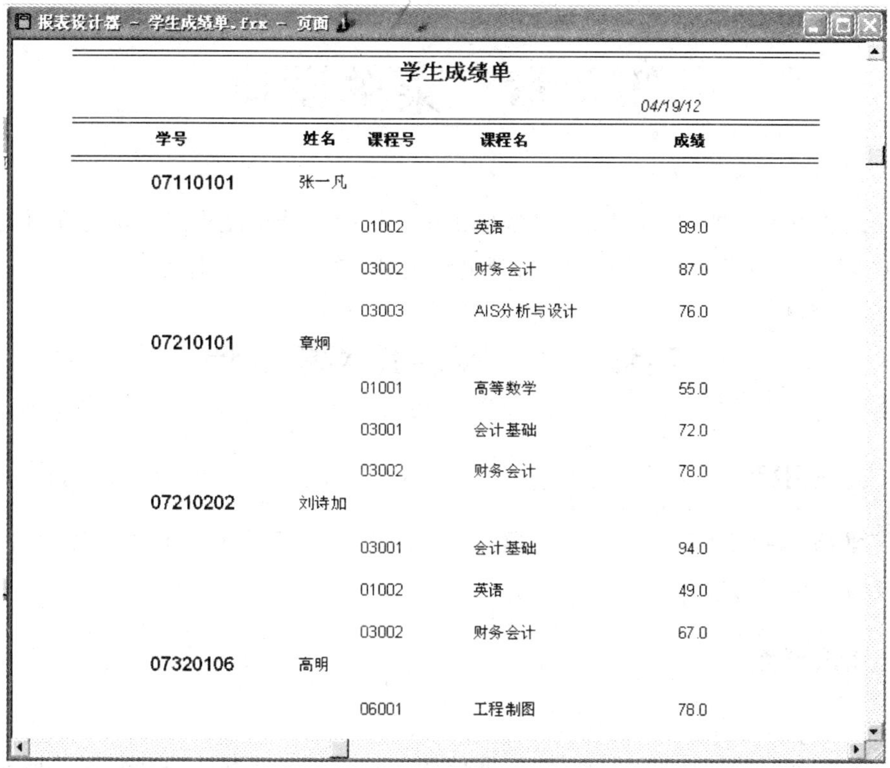

学生成绩单

04/19/12

| 学号 | 姓名 | 课程号 | 课程名 | 成绩 |
|---|---|---|---|---|
| 07110101 | 张一凡 | | | |
| | | 01002 | 英语 | 89.0 |
| | | 03002 | 财务会计 | 87.0 |
| | | 03003 | AIS分析与设计 | 76.0 |
| 07210101 | 章炯 | | | |
| | | 01001 | 高等数学 | 55.0 |
| | | 03001 | 会计基础 | 72.0 |
| | | 03002 | 财务会计 | 78.0 |
| 07210202 | 刘诗加 | | | |
| | | 03001 | 会计基础 | 94.0 |
| | | 01002 | 英语 | 49.0 |
| | | 03002 | 财务会计 | 67.0 |
| 07320106 | 高明 | | | |
| | | 06001 | 工程制图 | 78.0 |

图 6 – 2 – 12   XSCJD. FRX 的预览窗口

# 第7章 菜单设计

常用的菜单有两种:下拉式菜单和快捷菜单。下拉式菜单能列出应用程序具有的全部功能;快捷菜单从属于某个界面对象,可列出与该对象有关的一些操作。

## 实训 7.1 下拉式菜单设计

### 一、实训目标

熟练掌握使用菜单设计器定义下拉式菜单的方法;掌握菜单属性的设置方法;掌握菜单程序文件的生成和运行。

### 二、知识要点

1. 菜单结构及系统菜单设置

Visual FoxPro 支持两种类型的菜单:条形菜单和弹出式菜单。它们都有一组菜单项供用户选择。当用户选择某个菜单项时都会有一定的动作:执行一条命令、执行一个过程或激活另一个子菜单。每个菜单选项均可设置热键(也叫键盘访问键)或快捷键。

典型的菜单系统一般是一个下拉式菜单,由一个条形菜单和一组弹出式菜单组成,其中条形菜单作为主菜单,弹出式菜单作为子菜单。

通过 SET SYSMENU 命令可以允许或禁止在程序执行时访问系统菜单,也可以重新定制系统菜单。常用的命令功能如下。

SET SYSMENU ON|OFF:允许/禁止程序执行时访问系统菜单。

SET SYSMENU TO DEFAULT:将系统菜单恢复为默认配置。

SET SYSMENU SAVE:将当前的系统菜单配置保存为默认配置。

SET SYSMENU NOSAVE:将默认配置恢复成 Visual FoxPro 系统菜单的标准配置。

SET SYSMENU TO 命令将屏蔽系统菜单,使系统菜单不可用。

2. 建立菜单系统的步骤

(1)规划与设计菜单系统;

(2)使用菜单设计器定义主菜单及其子菜单;

(3)为各菜单项指定要执行的任务,完成后将其保存到一个.MNX 菜单文件;

(4)将已定义的菜单文件生成为扩展名为.MPR 的菜单程序文件;

(5)运行生成的菜单程序文件。

注意:菜单文件一经修改,必须要重新生成菜单程序文件才能使所做修改生效。

3. 定义下拉式菜单

可以在菜单设计器窗口中定义下拉式菜单。菜单设计器会随着菜单文件的新建而打开,同时主菜单中出现"菜单"菜单项,如图 7 - 1 - 1 所示。

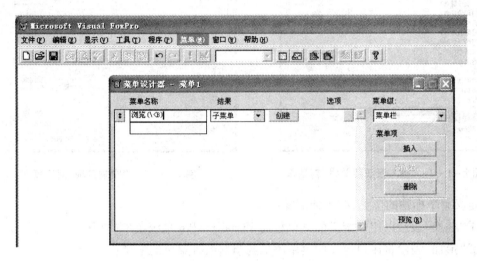

**图 7 - 1 - 1　菜单设计器**

在菜单设计器的"菜单名称"列可以定义菜单项的标题及其热键;"结果"列用来指定当选择某一菜单项时发生的动作;单击"选项"列的无符号按钮可为当前菜单项设置快捷键、启动或禁止菜单项等附加属性;"菜单级"下拉列表框含有当前可切换到的所有菜单项,其中"菜单栏"选项表示主菜单。

要设置分组菜单项(分组线),可在菜单设计器窗口需要分隔的位置插入一个新菜单项,将"菜单名称"设置为"\ -"(反斜杠和减号字符)即可。

要设置访问键(热键),可在访问键字母前加上"\ <"两个字符放入菜单项的菜单标题后即可(如图 7 - 1 - 1 所示)。

该窗口中还包括多个命令按钮。其中"插入"按钮的作用是在当前菜单项前插入一个新菜单项;"插入栏"按钮的功能是在当前菜单项前插入 Visual FoxPro 系统菜单项(仅当创建或编辑子菜单时该选项可用),如图 7 - 1 - 2 所示;"删除"按钮的作用是删除当前菜单项;单击"预览"按钮,可对所设计的菜单进行预览,以便随时修改。

4. "显示"菜单

在菜单设计器环境下,主菜单的"显示"菜单中会出现"常规选项"和"菜单选项"两个菜单项。

(1)"常规选项"对话框。执行"显示"菜单中"常规选项"命令,会打开图 7 - 1 - 3 所示的"常规选项"对话框。在该对话框中可以定义整个下拉式菜单系统的总体属性。

为主菜单添加默认过程。若在主菜单中某些菜单项未指定具体动作,则可以为这些菜单添加默认过程。具体方法是在"过程"编辑框中直接输入过程代码,或单击"编辑"按钮,在弹出的编辑窗口中输入。例如为某菜单项创建一个临时的过程:MessageBox("正在开发中…")。当选择该菜单时就会执行此过程。

图 7 - 1 - 2　"插入系统菜单栏"对话框

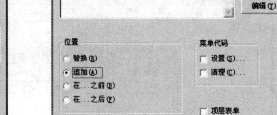

图 7 - 1 - 3　"常规选项"对话框

定义菜单标题的位置,有4种情况:

①"替换"表示以用户定义的菜单替换 Visual FoxPro 系统菜单(默认);

②"追加"表示将用户定义的菜单添加到当前系统菜单的末尾;

③"在…之前"表示将用户定义的菜单插入到某个菜单项之前;

④"在…之后"表示将用户定义的菜单插入到某个菜单项之后。

还可以添加初始化代码和"清理"代码。初始化代码是在菜单定义代码之前执行的程序段,通常包括创建环境的参数、定义内存变量等;清理代码是在菜单定义代码之后执行的程序段,通常包括恢复在初始化时启动或禁止的某些操作。具体操作是选中对应的复选框,在打开的代码编辑窗口中输入代码即可。

如果选中"顶层表单"复选框,则会将正在定义的下拉式菜单添加到一个顶层表单,此时该菜单不会显示在菜单栏,而是显示在一个表单的顶层,详见实训 7.2。

(2)"菜单选项"对话框。执行"显示"菜单中"菜单选项"命令会打开"菜单选项"对话框,可在其中的"过程"编辑框中为当前弹出式菜单或整个菜单系统定义一个默认的过程代码。

5. 菜单的生成和运行

菜单文件(. MNX)中存储的是菜单的各项定义,并不能运行。执行"菜单"菜单中的"生成"命令可将该菜单文件转换为可运行的菜单程序文件(. MPR)。

执行"程序"菜单中的"运行"命令或在命令窗口执行如下命令可以运行菜单程序:

　　　DO　<菜单程序名. MPR >

其中菜单程序文件的扩展名. MPR 不能省略。

## 三、实训环境

每名学生配备一台已安装了 Windows XP 或以上版本及 Visual FoxPro 6. 0 的计算机,并已完成本书前面章节的全部实训。

### 四、实训内容

**1. 创建一个主菜单在系统菜单右侧的下拉式菜单**

定义下拉式菜单 KSH. MNX，并生成菜单程序 KSH. MPR。运行该菜单时，将在 Visual FoxPro 系统菜单的末尾追加一个"考试"子菜单，如图 7 - 1 - 4 所示。

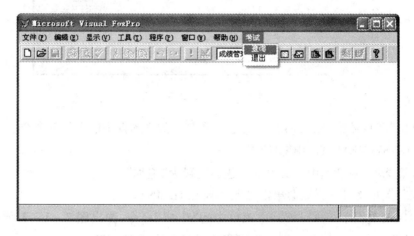

图 7 - 1 - 4　在 Visual FoxPro 系统菜单后显示用户菜单

其中，子菜单中的"查询"菜单项的作用是查询每个学生的平均成绩，并将查询的结果保存到 PJF. DBF（该表中包含学号、姓名和平均成绩 3 个字段），通过执行过程完成；"退出"菜单项的作用是返回 Visual FoxPro 系统菜单，通过执行命令完成。

操作步骤如下。

（1）调用菜单设计器。新建一个菜单文件，打开下拉式菜单设计器。

（2）进行菜单定义。在菜单设计器的"菜单名称"中输入"考试"，"结果"列选择"子菜单"，如图 7 - 1 - 5 所示。单击"创建"按钮定义子菜单，如图 7 - 1 - 6 所示。

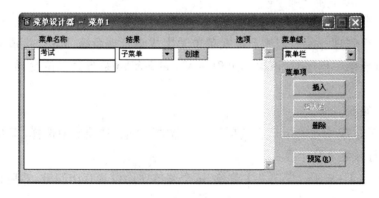

图 7 - 1 - 5　定义主菜单

在"查询"菜单项的"结果"列选"过程"，输入如下过程代码：

```
SELECT XS. 学号, 姓名, AVG(成绩) AS 平均成绩 ;
FROM   XS JOIN CJ ON   XS. 学号 = CJ. 学号 GROUP BY XS. 学号 ;
INTO TABLE PJF
```

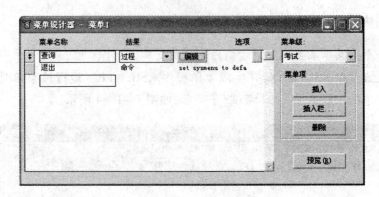

图7-1-6　定义子菜单

在"退出"菜单项的"结果"列选"命令",在其后的文本框中输入如下命令:

　　SET SYSMENU TO DEFAULT

在"常规选项"对话框中定义菜单标题的位置为"追加"。

(3)保存菜单文件。将该菜单定义保存到 KSH. MNX。

(4)生成菜单程序。执行"菜单"菜单中的"生成"命令,弹出图7-1-7所示的"生成菜单"对话框,单击"生成"按钮即可生成菜单程序文件 KSH. MPR。

图7-1-7　生成菜单程序文件

(5)运行菜单程序。执行"程序"菜单中的"运行"命令运行该菜单程序,并依次执行"查询"和"退出"菜单命令即可。

2.创建一个在系统菜单位置显示的下拉式菜单

在学生成绩管理. pjx 中创建下拉式菜单学生成绩管理系统. MNX,生成对应的菜单程序文件。运行该菜单程序时,该菜单出现在 Visual FoxPro 系统菜单位置,如图7-1-8所示。

操作步骤如下。

(1)打开学生成绩管理. pjx,在其项目管理器的"其他"选项卡中选择"菜单",新建一个下拉式菜单,打开菜单设计器。

(2)如图7-1-9所示先定义主菜单,每个菜单项均设置有访问键,然后再定义各子菜单,各子菜单定义如表7-1-1所示。

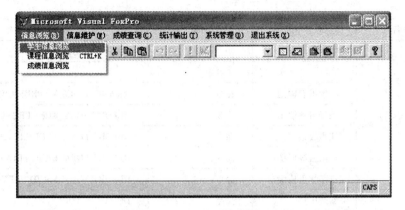

图 7 - 1 - 8　下拉式菜单

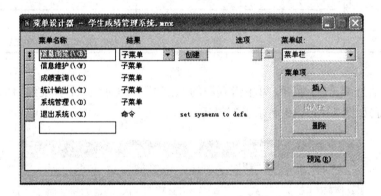

图 7 - 1 - 9　条形菜单定义

表 7 - 1 - 1　学生成绩管理菜单定义内容

| 主菜单名 | 子菜单名 | 结果 | 结果框内容 |
|---|---|---|---|
| 信息浏览(\<B) | 学生信息浏览 | 命令 | DO FORM XSLL |
| | 课程信息浏览 | 命令 | DO FORM KCLL |
| | 成绩信息浏览 | 命令 | DO FROM CJLL |
| 信息维护(\<W) | 学生信息维护 | 命令 | DO FORM XSWH |
| | 课程信息维护 | 命令 | DO FORM KCWH |
| | 成绩信息维护 | 命令 | DO FORM CJWH |
| | 班级信息维护 | 命令 | DO FORM BJWH |
| 成绩查询(\<C) | 按学号查询 | 命令 | DO FORM AXHCX |
| | 按课程查询 | 命令 | DO FORM AKCCX |
| | \- | 子菜单 | |
| | 按班级查询 | 命令 | DO FORM ABJCX |

续表

| 主菜单名 | 子菜单名 | 结果 | 结果框内容 |
|---|---|---|---|
| 统计输出(\\<T) | 数据统计 | 命令 | DO FORM XJTJ |
| | \\ - | 子菜单 | |
| | 学生报表输出 | 命令 | REPORT FORM XS PREVIEW |
| | 课程报表输出 | 命令 | REPORT FORM KCFZ PREVIEW |
| | 课程成绩输出 | 命令 | REPORT FORM KCCJ PREVIEW |
| | 输出班级成绩册 | 命令 | REPORT FORM BJCJC PREVIEW |
| | 打印学生成绩单 | 命令 | REPORT FORM XSCJD PREVIEW |
| 系统管理(\\<D) | 新增用户 | 命令 | DO FORM ADDUSER |
| | 修改密码 | 命令 | DO FORM XGMM |
| | \\ - | 子菜单 | |
| | 数据备份与恢复 | 命令 | DO FORM BFYHF |
| 退出系统(\\<X) | | 命令 | SET SYSMENU TO DEFAULT |

　　要定义"信息浏览"子菜单,可单击其后的"创建"按钮,将页面切换到"信息浏览"子菜单的定义页面,如图 7 - 1 - 10 所示进行设置。

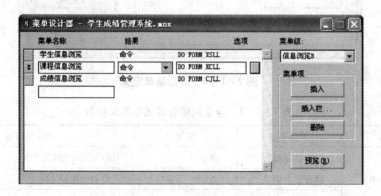

图 7 - 1 - 10　"信息浏览"子菜单定义

　　若要为"课程信息浏览"菜单项定义快捷键(Ctrl + K),可单击其"选项"列的无符号按钮,在打开的"提示选项"对话框中将光标定位到"键标签"文本框,同时按键盘上的【Ctrl】和【K】两个键,在"键标签"和"键说明"文本框中会同时显示"Ctrl + K",如图 7 - 1 - 11 所示。返回后在"课程信息浏览"菜单项的"选项"列出现"√"符号,如图 7 - 1 - 12 所示,表示对该菜单项进行了快捷键设置。

　　在"菜单级"下拉列表中选择"菜单栏",返回主菜单定义页面。按照类似方法分别定义其他子菜单。

　　(3)将该菜单文件保存为学生成绩管理系统. MNX,再将其生成为对应的菜单程序文件学生成绩管理系统. MPR。

　　(4)执行"程序"菜单中的"运行"命令,或在项目管理器中运行该菜单程序文件;还可

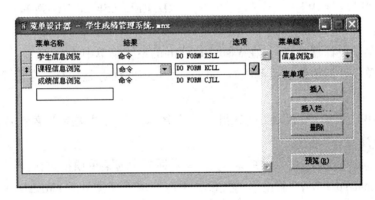

图 7 - 1 - 11　"提示选项"对话框

图 7 - 1 - 12　定义"课程信息浏览"菜单项的快捷键

在命令窗口输入如下命令运行该文件：

DO 学生成绩管理系统. MPR

## 五、课外练习

1. 单选题

(1)Visual FoxPro 支持两种类型的菜单，分别是(　　　)。

A. 条形菜单和弹出式菜单　　　　　　　B. 条形菜单和下拉式菜单

C. 弹出式菜单和下拉式菜单　　　　　　D. 复杂菜单和简单菜单

(2)执行 SET SYSMENU TO 命令后，下列说法正确的是(　　　)。

A. 将当前菜单设置为默认菜单

B. 屏蔽系统菜单，使系统菜单不可用

C. 将系统菜单恢复为默认的配置

D. 将默认配置恢复为 Visual FoxPro 系统菜单的标准配置

(3)菜单设计器的"结果"一列的列表框中可供选择的项目包括(　　　)。

A. 命令、过程、子菜单和函数　　　　　　B. 命令、过程、子菜单和菜单项

C. 填充名称、过程、子菜单、快捷键　　　　D. 命令、过程、填充名称、函数

(4)扩展名为. MNX 的文件是(　　　)。

A. 备注文件　　　　　B. 项目文件　　　　C. 表单文件　　　　D. 菜单文件

(5)使用菜单设计器设计好菜单后,执行"菜单"中的"生成"命令,将生成菜单程序文件,其扩展名为(　　　)。

A. . PRG　　　　　B. . MNX　　　　　C. . MNT　　　　　D. . MPR

(6)可以用 DO 命令执行的文件是(　　　)。

A. TEST. MPR　　　B. TEST. MNX　　　C. TEST. MNT　　　D. TEST. MPX

(7)如果菜单项的名称是"统计",快捷键是【T】,在菜单名称一栏中应输入(　　　)。

A. 统计(\ <T)　　　B. 统计(Ctrl + T)　　　C. 统计(Alt + T)　　　D. 统计(T)

(8)在运行用户菜单后,要返回到 Visual FoxPro 系统菜单,可用命令(　　　)。

A. SET SYSMENU TO DEFAULT　　　　　B. SET SYSMENU TO

C. SET SYSMENU OFF　　　　　　　　　D. RELEASE MENU 菜单名

2. 填空题

(1)打开菜单设计器窗口后,在 Visual FoxPro 的系统菜单中增加了_____菜单项。

(2)在菜单设计器中建立菜单项时,如果它所对应的任务是执行一条命令,那么该菜单项的"结果"框中应选择_____。

(3)在弹出式菜单中可以设置分组。插入分组线的方法是在"菜单名称"项中输入_____两个字符。

(4)在 Visual FoxPro 中,可以在 _____ 对话框中为菜单项指定快捷键。

(5)在 Visual FoxPro 中,假设当前文件夹中有菜单程序文件 MYMENU. MPR,运行该菜单程序的命令是_____。

# 实训 7.2　顶层表单和快捷菜单设计

## 一、实训目标

掌握在表单中调用下拉式菜单即顶层表单的设计方法;熟练掌握快捷菜单的设计方法及调用方法。

## 二、知识要点

### 1. 为顶层表单添加菜单

设置菜单的顶层表单属性,可以使下拉式菜单显示在顶层表单上。

(1)在菜单设计器窗口设计下拉式菜单。

(2)在菜单的常规选项对话框中选中"顶层表单"复选框,设置该菜单只能在顶层表单中显示。

(3)将表单的 ShowWindow 属性值设置为：2 – 作为顶层表单，使其成为顶层表单。

(4)在表单的 Init 或 Load 事件代码中添加调用菜单程序的命令，命令格式如下：

    DO ＜菜单程序文件名.MPR＞ WITH THIS［,"菜单名"］

**注意：**菜单程序文件的扩展名.MPR 不能省略；THIS 表示当前表单对象的引用；通过"菜单名"可以为被添加的下拉式菜单的条形菜单指定一个内部名字。

(5)在表单的 DESTROY 事件代码中添加清除菜单的命令，使得在关闭表单时清除菜单，释放其所占用的内存空间。命令格式如下：

    RELEASE MENU 菜单名 ［EXTENDED］

其中，EXTENDED 选项表示在清除条形菜单时一起清除其下属的所有子菜单。

2. 快捷菜单设计

快捷菜单通常由一个或一组上下级联的弹出式菜单组成。快捷菜单一般从属于某个界面对象，如表单或其他控件，用鼠标右击该对象，就会在单击处弹出快捷菜单，其中包含与该对象有关的一些功能命令。

利用快捷菜单设计器定义与设计快捷菜单非常方便，方法如下。

(1)创建菜单时，在"新建菜单"对话框中单击"快捷菜单"按钮，就会打开快捷菜单设计器窗口，如图 7 – 2 – 1 所示。

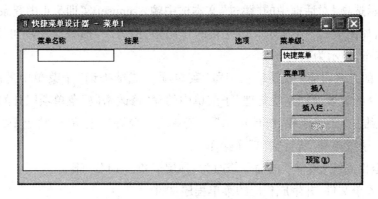

**图 7 – 2 – 1 "快捷菜单设计器"**

(2)快捷菜单和下拉式菜单的设计方法类似，在快捷菜单中只定义弹出式菜单。

(3)在"常规选项"对话框中的"清理"代码编辑框中添加清除菜单的命令，使得在选择、执行菜单命令后能及时清除快捷菜单，释放其所占用的内存。命令格式如下：

    RELEASE POPUPS ＜快捷菜单文件名＞［EXTENDED］

(4)保存快捷菜单文件(.MNX)，并生成相应的快捷菜单程序文件(.MPR)。

(5)在选定对象的 RightClick 事件代码中添加调用快捷菜单程序的命令。命令格式如下：

    DO ＜快捷菜单程序文件.MPR＞

其中，菜单程序文件的扩展名.mpr 不能省略。

### 三、实训环境

每名学生配备一台已安装了 Windows XP 或以上版本及 Visual FoxPro 6.0 的计算机,并已完成实训 7.1 的实训内容。

### 四、实训内容

1. 为顶层表单添加菜单

制作顶层表单.SCX,并将顶层菜单.MNX 添加到该表单的顶层。运行表单时,若以管理员身份登录,运行结果如图 7 - 2 - 2 中的(a)所示;若以学生身份登录,运行结果如图中的(b)所示。

操作步骤如下。

(1)将学生成绩管理系统.MNX 另存为顶层菜单.MNX,并将顶层菜单.MNX 添加到学生成绩管理.pjx 中。

(2)打开顶层菜单.MNX,在"常规选项"对话框中选中"顶层表单"复选框,如图 7 - 2 - 3 所示。

(3)打开"信息浏览"子菜单的定义窗口,单击"学生信息浏览"菜单项"选项"列按钮,在打开的"提示选项"对话框中的"跳过"文本框中输入 unuse(实训 5.4 中登录界面.SCX 中定义的变量),如图 7 - 2 - 4 所示。该变量的作用是:值为.F. 时该菜单项可用,否则,该菜单项为禁用状态,显示为灰色。

按照同样的方法设置"成绩信息浏览"菜单项、"成绩查询"子菜单中的除"按学号查询"菜单项以外的菜单项;"系统管理"子菜单中的除"修改密码"菜单项以外的菜单项。

因"信息维护"子菜单和"统计输出"子菜单均不允许学生访问,故也要按上述方法设置"信息维护"子菜单和"统计输出"子菜单。

(4)将"退出系统"菜单项的命令修改为:顶层表单.RELEASE

(5)保存菜单文件,并生成相应的菜单程序文件。

(6)在学生成绩管理.pjx 中创建一个名为顶层表单.SCX 的表单,打开表单设计器窗口,在其中添加两个标签控件,如表 7 - 2 - 1 设置各控件的属性。

（a）

（b）

**图 7 - 2 - 2　顶层表单. SCX 运行结果**

（a）以管理员身份登录的菜单界面；（b）以学生身份登录的菜单界面

**表 7 - 2 - 1　表单及其控件属性**

| 对象名 | 属性名 | 属性值 | 属性名 | 属性值 |
|---|---|---|---|---|
| Form1 | Caption | 学生成绩管理系统 | MaxButton | . F. - 假 |
| | Borderstyle | 2 - 固定对话框 | MinButton | . T. - 真 |
| | AutoCenter | . T. | ShowWindow | 2 - 作为顶层表单 |
| | Picture | F2. JPG | | |
| Label1、Label2 | Autosize | . T. - 真 | FontName | 隶书 |
| | Backstyle | 透明 | | |
| Label1 | Caption | 欢迎使用 | FontSize | 26 |
| Label2 | Caption | 学生成绩管理系统 | FontSize | 36 |

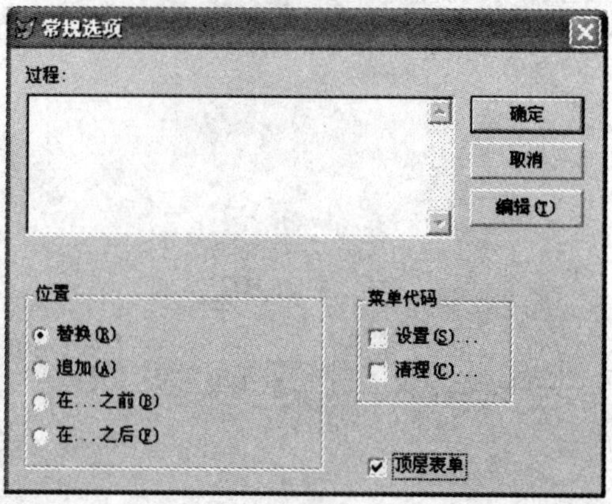

**图 7 – 2 – 3　设置菜单属性**

**图 7 – 2 – 4　设置菜单项的状态**

在表单的 Load 事件代码中确定用户以哪种身份调用菜单程序,命令如下:

```
IF SF
    UNUSE = . F.
ELSE
    UNUSE = . T.
ENDIF
DO 顶层菜单. MPR WITH THIS, "xxx"
```

在表单的 Destroy 事件代码中添加清除菜单的命令:

```
RELEASE MENU XXX EXTENDED
```

(7)保存并运行表单,分别以管理员和学生身份登录进行验证。

2. 快捷菜单设计

设计一个在顶层表单. SCX 中调用的成绩管理快捷菜单. MNX,其中包括:成绩维护、按学号查成绩、按课程查成绩、输出班级成绩册、打印学生成绩单 5 个菜单项。按不同身份登录系统的用户可使用的快捷菜单项有区别,运行结果如图 7 - 2 - 5 所示。

(a)

(b)

**图 7 - 2 - 5　表单的快捷菜单**

(a)以管理员身份登录的快捷菜单;(b)以学生身份登录的快捷菜单

操作步骤如下。

(1)打开学生成绩管理. pjx,新建一个快捷菜单,在打开的快捷菜单设计器窗口如图 7 - 2 - 6 所示设计快捷菜单的各菜单项,以成绩管理快捷菜单. MNX 为文件名保存菜单文件。其中各相关菜单项与实训 7.1 中下拉式菜单的定义和设置相同。

(2)在"常规选项"对话框中选中"清理"复选框,打开图 7 - 2 - 7 所示的窗口。

单击"确定"按钮,在"清理"代码编辑框中输入如下命令:

RELEASE　POPUPS 成绩管理快捷菜单

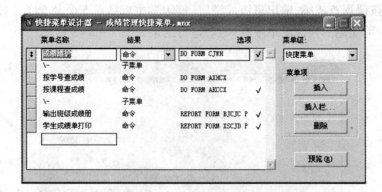

图 7 - 2 - 6 快捷菜单设计器

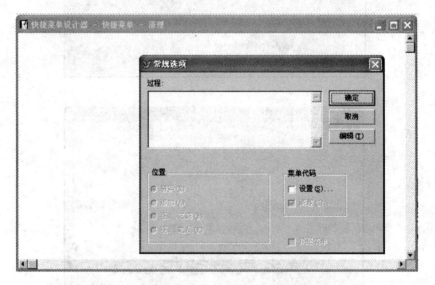

图 7 - 2 - 7 打开"清理代码"编辑框

(3)保存并生成菜单程序文件成绩管理快捷菜单. MPR。

(4)打开顶层表单. SCX,在其 RightClick 事件代码窗口中输入如下命令:

    IF SF

        UNUSE = . F.

    ELSE

        UNUSE = . T.

    ENDIF

    DO 成绩管理快捷菜单. MPR

(5)保存并运行表单。以不同身份登录系统,显示不同的快捷菜单。

### 五、课外练习

**1. 单选题**

（1）定义何种菜单时，可以使用菜单设计器窗口中的"插入栏"按钮来插入标准的系统菜单命令是（　　）。

A. 条形菜单　　　　B. 弹出式菜单　　　C. 快捷菜单　　　D. B 和 C 均可

（2）为顶层表单添加菜单时，若表单的 INIT 或 LOAD 事件代码如下：

　　　　DO MY. MPR WITH THIS，"AAA"

则在表单的 DESTROY 事件代码为清除菜单而设置的命令应该是（　　）。

A. DESTROY MENU MY. MPR EXTENDED

B. RELEASE MENU MY. MPR EXTENDED

C. RELEASE MENU AAA EXTENDED

D. DESTROY MENU AAA EXTENDED

**2. 填空题**

（1）要为表单设计下列拉式菜单，首先需要在菜单设计时，在 _____ 对话框中选中"顶层表单"复选框；其次要将表单的 ShowWindow 属性值设置为 ____ ，使其成为顶层表单；最后需要在表单的_____或_____事件代码中添加调用菜单程序的命令。

（2）在"提示选项"对话框中的"跳过"文本框中指定的表达式值为_____时，则菜单项以灰色显示，表示目前不可用。

（3）要将一个弹出式菜单作为某对象的快捷菜单，通常在该对象的_____事件代码中添加调用弹出式菜单程序的命令。

# 第8章　应用程序的连编和生成

学习 Visual FoxPro 的目的之一是利用它作为开发平台来进行数据库应用系统的开发。本章主要介绍如何将设计好的数据库、表、查询、表单、报表及菜单等应用系统组件在项目管理器中连编成一个完整的应用程序,最终编译成一个扩展名为.APP 的应用程序文件或扩展名为.EXE 的可执行文件。

## 一、实训目标

通过本次实训,要求学生掌握如何把设计好的数据库、表单、报表和菜单等分离的应用系统组件通过项目管理器连编成一个完整的应用程序,最终编译成一个扩展名为.APP 的应用文件或.EXE 的可执行文件;掌握在项目管理器中文件的"排除"与"包含"的设置方法;掌握系统主文件的设计方法;熟练掌握连编项目及.APP 文件和.EXE 文件生成的方法。

## 二、知识要点

一个实用的数据库应用系统通常包括许多文件,例如程序、表单、菜单、报表、数据库和表等文件,项目管理器提供了管理这些文件的集成环境。

### 1. 连编项目

在连编项目之前,首先要组装项目文件,即将当前文件夹中的数据库、表、查询、程序、表单、报表、菜单、图片和可视类库等文件全部添加到项目文件中,然后再设置开发者的信息、定位项目的主目录和设置是否对应用程序进行加密等内容。

当项目中各模块调试无误后,对整个项目进行的联合调试及编译即为连编项目。

连编项目的步骤如下。

(1)设置文件的包含和排除。项目管理器中的文件分为"包含"和"排除"两种类型,通常将可以执行的文件如表单、报表、查询、菜单和程序设置为"包含",连编项目后不允许用户对其进行更新;默认数据库文件、表文件为"排除",连编后用户还可根据需要对其进行修改。若要将"排除"类型的文件设置为"包含"类型,只需要在该文件上右击,在快捷菜单中执行"包含"命令,反之亦然。

(2)设置项目的主文件。运行应用程序时,首先执行的是主文件,之后由主文件依次调用其他文件。可用作主文件的有程序、表单、查询以及菜单等文件类型,主文件只有一个,且不能设置为"排除"。在项目管理器中的选定文件上单击可设置主文件。

(3)连编项目。连编项目是为了对项目的整体性进行测试。主文件一旦确定,项目连编时会自动将所有在项目中引用的"包含"类型的文件组合成单一的应用程序文件,并使这些文件都变为只读。

连编项目的命令如下:

　　BUILD PROJECT ＜项目文件名＞

　　如果在连编项目中发现错误,必须要纠正错误,反复进行"重新连编项目"操作,直到最终连编成功为止。

　　2. 连编应用程序

　　连编项目成功后,在建立应用程序之前应该试着运行该项目。可在项目管理器中运行主文件,若运行正确,就可以连编应用程序了。

　　应用程序连编结果有两种文件形式。

　　(1)应用程序文件(. APP),需要在 Visual FoxPro 环境中运行。

　　(2)可执行文件(. EXE),可脱离 Visual FoxPro 在 Windows 下运行。该文件需要和 Visual FoxPro 的两个动态链接库 Visual FoxPro6R. DLL 和 Visual FoxPro6RCHS. DLL(中文版)或 Visual FoxPro6ENU. DLL(英文版)连接,它们一起构成了 Visual FoxPro 所需要的完整运行环境(注意必须放在同一个目录下),只有在 Visual FoxPro 专业版中才可用。

　　连编应用程序的步骤如下。

　　(1)打开项目文件,在其项目管理器中单击"连编"按钮。

　　(2)在"连编项目"对话框中,若选择"连编应用程序"复选框,则生成一个. APP 文件;若选择"连编可执行文件"复选框,则生成一个. EXE 文件。

　　(3)选择所需要的其他项目,然后单击"确定"按钮。

　　连编应用程序的命令是 BUILD APP 或 BUILD EXE。

　　3. 运行应用程序

　　APP 文件只能在 Visual FoxPro 环境下运行,通过执行"程序"菜单中的"运行"命令即可;EXE 文件既可像 APP 文件一样在 Visual FoxPro 环境下运行,也可在 Windows 中双击该文件图标运行。

## 三、实训环境

　　每名学生配备一台已安装了 Windows XP 或以上版本及 Visual FoxPro 6.0 的计算机,并已完成本书前面章节的全部实训。

## 四、实训内容

　　1. 将全部文件添加到学生成绩管理. pjx 中

　　具体操作:打开学生成绩管理. pjx,分别将表、数据库、表单、查询、报表、菜单以及类库等文件添加到此项目中。若上述文件已在项目管理器中,此步骤可省略。

　　2. 将学生成绩管理. pjx 中的女学生信息. QPR 设置为"排除"

　　具体操作:打开学生成绩管理. pjx,在其项目管理器窗口中的"数据"选项卡选择查询"女学生信息",单击右键,在弹出的快捷菜单中选择"排除",如图 8 - 1 - 1 所示。设置完成后,该查询文件前出现排除标志。

　　3. 设计学生成绩管理系统的主程序 MAIN. PRG,并将其设置为主文件

　　操作步骤如下。

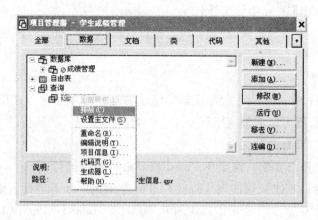

图 8 - 1 - 1　设置文件为"排除"类型

（1）打开学生成绩管理. pjx，在其项目管理器的"代码"选项卡中创建 MAIN. PRG，在打开的程序编辑窗口中输入以下代码：

```
SET DATE LONG
SET DELETED ON
SET TALK OFF
SET ESCAPE OFF
SET EXACT OFF
SET EXCL OFF
SET REPROCESS TO 0
SET CONS ON
SET CENTURY ON
SET DATE TO YMD
SET MARK TO '.'
SET SCORE OFF
SET SAFETY OFF
SET STATUS BAR OFF      && 不显示 Visual FoxPro 状态条
ON SHUTDOWN QUIT        && 若没有这句,可能不能退出 Visual FoxPro
SET SYSMENU OFF         && 不显示系统菜单
SET MESSAGE TO ""
SET HELP ON
CLEAR
SET PATH TO F:\成绩管理系统
DO FORM   欢迎界面
READ EVENTS
```

（2）右击该程序文件，在弹出的快捷菜单中执行"设置主文件"，如图 8 - 1 - 2 所示，即可将其设置为主文件。

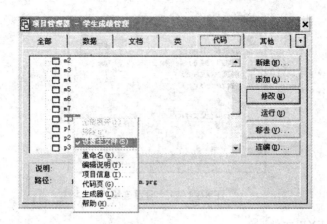

**图 8 - 1 - 2　设置主文件**

4. 添加项目的相关信息,并设置默认目录

具体操作:打开学生成绩管理. pjx,执行"项目"菜单中的"项目信息"命令,打开"项目信息"对话框,进行图 8 - 1 - 3 所示的设置。

**图 8 - 1 - 3　设置项目信息**

5. 对学生成绩管理. pjx 进行项目连编

具体操作:打开学生成绩管理. pjx,在其项目管理器中选中"重新连编项目"单选按钮,然后单击"确定"按钮进行项目连编,如图 8 - 1 - 4 所示。

若程序有错,可依据系统给出的提示信息修改错误,然后,再重复上一步的操作,直到没有错误为止。

6. 连编应用程序学生成绩管理. APP 和可执行文件学生成绩管理. EXE

具体操作:连编项目完成后,在如图 8 - 1 - 5 所示的连编选项对话框,若选中"连编应用程序"复选框,单击"确定"按钮则会生成一个. APP 文件;若选中"连编可执行文件"复选

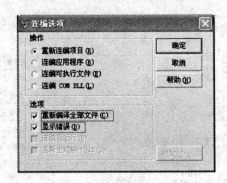

图 8 - 1 - 4    项目连编

框,则会生成一个. EXE 文件。

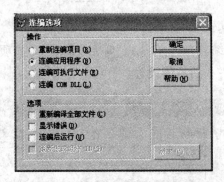

图 8 - 1 - 5    生成应用程序和可执行文件

7. 运行应用程序学生成绩管理. APP 或可执行文件学生成绩管理. EXE

具体操作:在 Visual FoxPro 窗口中,执行"程序"菜单中的"运行"命令,即可打开"运行"对话框,选中"学生成绩管理. APP",如图 8 - 1 - 6 所示。

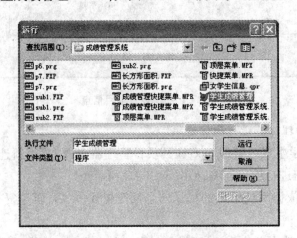

图 8 - 1 - 6    运行应用程序

单击"运行"按钮即可运行该应用程序,出现欢迎界面。

## 五、课外练习

1. 单选题

(1) 下列说法中错误的是(　　)。

A. 新添加的数据库文件被设置为"排除"

B. 不能将数据库文件设置为"包含"

C. 在项目管理器中设置为"排除"的文件名在左侧有符号 ø

D. 被指定为主文件的文件不能设置为"排除"

(2) "项目信息"对话框中有 3 个选项卡,它们是(　　)。

A. 项目、文件、服务程序　　　　　　B. 项目、文件、数据

C. 项目、服务程序、文档　　　　　　D. 文件、服务程序、数据

(3) 从项目文件 mysub 中连编可执行文件 mycom 的命令是(　　)。

A. BUILD EXE mycom FROM mysub

B. BUILD EXE mysub FROM mycom

C. BUILD APP mycom FROM mysub

D. BUILD APP mysub FROM mycom

(4) 下面关于运行应用程序的说法正确的是(　　)。

A. 应用程序文件(.app)只能在 Visual FoxPro 环境下运行

B. 应用程序文件(.app)既能在 Visual FoxPro 环境下运行,又能在 Windows 环境下运行

C. 可执行文件(.exe)只能在 Visual FoxPro 环境下运行

D. 可执行文件(.exe)只能在 Windows 环境下运行

2. 填空题

(1) 连编项目 MYSUB.pjx 可在命令窗口执行命令 _____。

(2) 如果应用程序中的文件允许修改,应将该文件标为_____。

# 附录

## 全国计算机等级考试二级 Visual FoxPro 笔试试题及参考答案

为了让大家了解以往等级考试二级 Visual FoxPro 的要求、题型和内容,特在此提供两套二级 Visual FoxPro 真题及参考答案,以供练习之用。

## 2008 年 4 月全国计算机等级考试二级 Visual FoxPro 笔试试题

一、单选题(每小题 2 分,共 70 分)

(1)程序流程图中带有箭头的线段表示的是(　　)。

A. 图元关系　　　　　B. 数据流　　　　　C. 控制流　　　　　D. 调用关系

(2)结构化程序设计的基本原则不包括(　　)。

A. 多态性　　　　　B. 自顶向下　　　　　C. 模块化　　　　　D. 逐步求精

(3)软件设计中模块划分应遵循的准则是(　　)。

A. 低内聚低耦合　　B. 高内聚低耦合　　C. 低内聚高耦合　　D. 高内聚高耦合

(4)在软件开发中,需求分析阶段产生的主要文档是(　　)。

A. 可行性分析报告　　　　　　　　　B. 软件需求规格说明书

C. 概要设计说明书　　　　　　　　　D. 集成测试计划

(5)算法的有穷性是指(　　)。

A. 算法程序的运行时间是有限的　　　B. 算法程序所处理的数据量是有限的

C. 算法程序的长度是有限的　　　　　D. 算法只能被有限的用户使用

(6)对长度为 $n$ 的线性表排序,在最坏情况下,比较次数不是 $n(n-1)/2$ 的排序方法是(　　)。

A. 快速排序　　　　　B. 冒泡排序　　　　　C. 直线插入排序　　　D. 堆排序

(7)下列关于栈的叙述正确的是(　　)。

A. 栈按"先进先出"组织数据　　　　　B. 栈按"先进后出"组织数据

C. 只能在栈底插入数据　　　　　　　D. 不能删除数据

(8)在数据库设计中,将 E-R 图转换成关系数据模型的过程属于(　　)。

A. 需求分析阶段　　B. 概念设计阶段　　C. 逻辑设计阶段　　D. 物理设计阶段

(9)有如下 3 个关系 R、S 和 T。T 由 R 和 S 通过运算得到,则所使用的运算为(　　)。

| R 关系 | | |
|---|---|---|
| B | C | D |
| a | 0 | k1 |
| b | 1 | n1 |

| S 关系 | | |
|---|---|---|
| B | C | D |
| f | 3 | h2 |
| a | 0 | k1 |
| n | 2 | x1 |

| T 关系 | | |
|---|---|---|
| B | C | D |
| a | 0 | k1 |

A. 并      B. 自然连接      C. 笛卡尔积      D. 交

(10)设有表示学生选课的 3 个表:S(学号,姓名,性别,年龄,身份证号);C(课号,课名);SC(学号,课号,成绩),则 SC 的关键字(键或码)为( )。

A. 课号,成绩                 B. 学号,成绩

C. 学号,课号                 D. 学号,姓名,成绩

(11)在超市营业过程中,每个时段要安排一个班组上岗值班,每个收款口要配备两名收款员配合工作,共同使用一套收款设备为顾客服务,在超市数据库中,实体之间属于一对一关系的是( )。

A. "顾客"与"收款口"的关系        B. "收款口"与"收款员"的关系

C. "班组"与"收款口"的关系        D. "收款口"与"设备"的关系

(12)在教师表中,如果要找出职称为"教授"的教师,所采用的关系运算是( )。

A. 选择           B. 投影           C. 联接           D. 自然联接

(13)在 SELECT 语句中使用 ORDERBY 是为了指定( )。

A. 查询的表                 B. 查询结果的顺序

C. 查询的条件                 D. 查询的字段

(14)有下程序,请选择最后在屏幕显示的结果( )。

```
SET EXACT ON
s = "ni" + SPACE(2)
IF s == "ni"
    IF s = "ni"
        ?"one"
    ELSE
        ?"two"
    ENDIF
ELSE
    IF s = "ni"
        ?"three"
    ELSE
```

```
                ?"four"
            ENDIF
        ENDIF
        RETURN
```

A. one　　　　　　B. two　　　　　　C. three　　　　　　D. four

(15)如果内存变量和字段变量均有变量"姓名",则引用内存变量的方法是(　　)。

A. M. 姓名　　　　B. M _ >姓名　　　C. 姓名　　　　　　D. A 和 B 都可以

(16)要为当前表所有性别为"女"的职工增加 100 元工资,应使用命令(　　)。

A. REPLACE ALL 工资 WITH 工资 + 100

B. REPLACE 工资 WITH 工资 + 100 FOR 性别 = "女"

C. REPLACE ALL 工资 WITH 工资 + 100

D. REPLACE ALL 工资 WITH 工资 + 100 FOR 性别 = "女"

(17)MODIFY STRUCTURE 命令的功能是(　　)。

A. 修改记录值　　　　　　　　　B. 修改表结构

C. 修改数据库结构　　　　　　　D. 修改数据库或表结构

(18)可以运行查询文件的命令是(　　)。

A. DO　　　　　　B. BROWSE　　　C. DO QUERY　　　D. CREATE QUERY

(19)SQL 语句中删除视图的命令是(　　)。

A. DROP TABLE　　B. DROP VIEW　　C. ERASE TABLE　　D. ERASE VIEW

(20)设有订单表 order(其中包括字段:订单号,客户号,职员号,签订日期,金额),查询 2007 年所签订单的信息,并按金额降序排序,正确的 SQL 命令是(　　)。

A. SELECT ＊ FROM order WHERE YEAR(签订日期) = 2007 ORDER BY 金额 DESC

B. SELECT ＊ FROM order WHILE YEAR(签订日期) = 2007 ORDER BY 金额 ASC

C. SELECT ＊ FROM order WHERE YEAR(签订日期) = 2007 ORDER BY 金额 ASC

D. SELECT ＊ FROM order WHILE YEAR(签订日期) = 2007 ORDER BY 金额 DESC

(21)设有订单表 order(其中包括字段:订单号,客户号,客户号,职员号,签订日期,金额),删除 2002 年 1 月 1 日以前签订的订单记录,正确的 SQL 命令是(　　)。

A. DELETE TABLE order WHERE 签订日期 < {^2002 - 1 - 1}

B. DELETE TABLE order WHILE 签订日期 > {^2002 - 1 - 1}

C. DELETE FROM order WHERE 签订日期 < {^2002 - 1 - 1}

D. DELETE FROM order WHILE 签订日期 > {^2002 - 1 - 1}

(22)下面属于表单方法名(非事件名)的是(　　)。

A. Init　　　　　　B. Release　　　C. Destroy　　　　　D. Caption

(23)下列表单的(　　)属性设置为真时,表单运行时将自动居中。

A. AutoCenter　　B. AlwaysOnTop　C. ShowCenter　　　D. FormCenter

(24)下面关于命令 DO FORM XX NAME YY LINKED 的陈述中,正确的是(　　)。

A. 产生表单对象引用变量 XX,在释放变量 XX 时自动关闭表单

B. 产生表单对象引用变量 XX,在释放变量 XX 时并不关闭表单

C. 产生表单对象引用变量 YY,在释放变量 YY 时自动关闭表单

D. 产生表单对象引用变量 YY,在释放变量 YY 时并不关闭表单

(25)表单里有一个选项按钮组,包含两个选项按钮 Option1 和 Option2,假设 Option2 没有设置 Click 事件代码,而 Option1 以及选项按钮和表单都设置了 Click 事件代码,那么当表单运行时,如果用户单击 Option2,系统将(　　)。

A. 执行表单的 Click 事件代码　　　　　B. 执行选项按钮组的 Click 事件代码

C. 执行 Option1 的 Click 事件代码　　　D. 不会有反应

(26)下列程序段执行以后,内存变量 X 和 Y 的值是(　　)。

```
CLEAR
STORE 3 TO X
STORE 5 TO Y
PLUS((X),Y)
? X,Y
PROCEDURE PLUS
PARAMETERS A1,A2
A1 = A1 + A2
A2 = A1 + A2
ENDPROC
```

A. 8　13　　　　　　B. 3　13　　　　　　C. 3　5　　　　　　D. 8　5

(27)下列程序段执行以后,内存变量 y 的值是(　　)。

```
CLEAR
X = 12345
Y = 0
DO WHILE X > 0
    y = y + x
    x = int(x/10)
ENDDO
? y
```

A. 54321　　　　　B. 12345　　　　　C. 51　　　　　D. 15

(28)下列程序段执行后,内存变量 s1 的值是(　　)。

```
s1 = "network"
s1 = stuff(s1,4,4,"BIOS")
```

A. network　　　　B. netBIOS　　　　C. net　　　　D. BIOS

(29)参照完整性规则的更新规则中"级联"的含义是(　　)。

A. 更新父表中连接字段值时,用新的连接字段自动修改子表中的所有相关记录

B. 若子表中有与父表相关的记录,则禁止修改父表中连接字段值

C. 父表中的连接字段值可以随意更新,不会影响子表中的记录

D. 父表中的连接字段值在任何情况下都不允许更新

(30)在查询设计器环境中,"查询"菜单下的"查询去向"命令指定了查询结果的输出去向,输出去向不包括(　　　)。

A. 临时表　　　　　　　B. 表　　　　　　　　C. 文本文件　　　　　　D. 屏幕

(31)表单名为 myForm 的表单中有一个页框 myPageFrame,将该页框的第 3 页(Page3)的标题设置为"修改",可以使用代码(　　　)。

A. myForm. Page3. myPageFrame. Caption ="修改"

B. myForm. myPageFrame. Caption. Page3 ="修改"

C. Thisform. myPageFrame. Page3. Caption ="修改"

D. Thisform. myPageFrame. Caption. Page3 ="修改"

(32)向一个项目中添加一个数据库,应该使用项目管理器的(　　　)。

A. "代码"选项卡　　　　　　　　　　　B. "类"选项卡

C. "文档"选项卡　　　　　　　　　　　D. "数据"选项卡

(33)～(35)题使用下表:

该表是用 list 命令显示的"运动员"表的内容和结构。

| 记录号 | 运动员号 | 投中2分球 | 投中3分球 | 罚球 |
|---|---|---|---|---|
| 1 | 1 | 3 | 4 | 5 |
| 2 | 2 | 2 | 1 | 3 |
| 3 | 3 | 0 | 0 | 0 |
| 4 | 4 | 5 | 6 | 7 |

(33)为"运动员"表增加一个字段"得分"的 SQL 语句是(　　　)。

A. CHANGE TABLE 运动员 ADD 得分 I

B. ALTER DATA 运动员 ADD 得分 I

C. ALTER TABLE 运动员 ADD 得分 I

D. CHANGE TABLE 运动员 INSERT 得分 I

(34)计算每名运动员的"得分"(33 题增加的字段)的正确 SQL 语句是(　　　)。

A. UPDATE 运动员 FIELD 得分 =2 * 投中2分球 +3 * 投中3分球 + 罚球

B. UPDATE 运动员 FIELD 得分 WITH 2 * 投中2分球 +3 * 投中3分球 + 罚球

C. UPDATE 运动员 SET 得分 WITH 2 * 投中2分球 +3 * 投中3分球 + 罚球

D. UPDATE 运动员 SET 得分 =2 * 投中2分球 +3 * 投中3分球 + 罚球

(35)检索"投中3分球"小于等于 5 个的运动员中"得分"最高的运动员的"得分",正确的 SQL 语句是(　　　)。

A. SELECT MAX(得分)得分 FROM 运动员 WHERE 投中3分球 < =5

B. SELECT MAX(得分)得分 FROM 运动员 WHEN 投中3分球 < =5

C. SELECT 得分 =MAX(得分)FROM 运动员 WHERE 投中3分球 < =5

D. SELECT 得分 = MAX(得分)FROM 运动员 WHEN 投中 3 分球 < = 5

二、填空题(每空 2 分,共 30 分)

**注意:以命令关键字填空的必须拼写完整。**

(1)测试用例包括输入值集和【1】值集。

(2)深度为 5 的满二叉树有【2】个叶子结点。

(3)设某循环队列的容量为 50,头指针 front = 5(指向队头元素的前一位置),尾指针 rear = 29(指向对尾元素),则该循环队列中共有【3】个元素。

(4)在关系数据库中,用来表示实体之间联系的是【4】。

(5)在数据库管理系统提供的数据定义语言、数据操纵语言和数据控制语言中,【5】负责数据的模式定义与数据的物理存取构建。

(6)在基本表中,要求字段名【6】重复。

(7)SQL 的 SELECT 语句中,使用【7】子句可以消除结果中的重复记录。

(8)在 SQL 的 WHERE 子句的条件表达式中,字符串匹配(模糊查询)的运算符是【8】。

(9)数据库系统中对数据库进行管理的核心软件是【9】。

(10)使用 SQL 的 CREATE TABLE 语句定义表结构时,用【10】说明关键字(主索引)。

(11)在 SQL 语句中要查询表 s 在 AGE 字段上取空值的记录,正确的 SQL 语句为:
SELECT * FROM s WHERE【11】。

(12)在 Visual FoxPro 中,使用 LOCATE ALL 命令按条件对表中的记录进行查找,若查不到记录,函数 EOF()的返回值应是【12】。

(13)若有菜单程序文件 mymenu. mpr,运行该菜单程序的命令是【13】。

(14)若要在子程序中创建一个只在本程序中使用的变量 XL,可使用【14】命令说明该变量。

(15)在当前打开的表中物理删除带有删除标记记录的命令是【15】。

# 2008 年 4 月全国计算机等级考试二级 Visual FoxPro
## 笔试试题参考答案

一、选择题

1~5)C A B B A  6~10)D B C D C  11~15)D A B C D
16~20)B B A B A  21~25)C B A C B  26~30)C D B A C
31~35)C D C D A

二、填空题

(1)输出  (2)16  (3)24

(4)关系  (5)数据定义语言  (6)不能

(7)DISTINCT  (8)LIKE  (9)数据库管理系统/DBMS

(10)Primary Key  (11)AGE IS NULL  (12). T.

(13)DO mymenu. mpr  (14)LOCAL  (15)PACK

# 2009 年 9 月全国计算机等级考试二级 Visual FoxPro 笔试试题

一、单选题(1~35 每小题 2 分,共 70 分)

1. 下列数据结构中,属于非线性结构的是(　　)。

A. 循环队列　　　　B. 带链队列　　　　C. 二叉树　　　　D. 带链栈

2. 下列数据结构中,能够按照"先进后出"原则存取数据的是(　　)。

A. 循环队列　　　　B. 栈　　　　C. 队列　　　　D. 二叉树

3. 对于循环队列,下列叙述中正确的是(　　)。

A. 队头指针是固定不变的

B. 队头指针一定大于队尾指针

C. 队头指针一定小于队尾指针

D. 队头指针可以大于队尾指针,也可以小于队尾指针

4. 算法的空间复杂度是指(　　)。

A. 算法在执行过程中所需要的计算机存储空间

B. 算法所处理的数据量

C. 算法程序中的语句或指令条数

D. 算法在执行过程中所需要的临时工作单元数

5. 软件设计中划分模块的一个准则是(　　)。

A. 低内聚低耦合　　　　　　　　　　B. 高内聚低耦合

C. 低内聚高耦合　　　　　　　　　　D. 高内聚高耦合

6. 下列选项中不属于结构化程序设计原则的是(　　)。

A. 可封装　　　　B. 自顶向下　　　　C. 模块化　　　　D. 逐步求精

7. 软件详细设计产生的图如下,该图是(　　)。

A. N-S 图　　　　B. PAD 图　　　　C. 程序流程图　　　　D. E-R 图

8. 数据库管理系统是(　　)。

A. 操作系统的一部分　　　　　　　　B. 在操作系统支持下的系统软件

C. 一种编译系统　　　　　　　　　　D. 一种操作系统

9. 在 E-R 图中,用来表示实体联系的图形是(　　)。

A. 椭圆形　　　　B. 矩形　　　　C. 菱形　　　　D. 三角形

10. 有如下 3 个关系 R、S、T,其中关系 T 由关系 R 和 S 通过某种操作得到,该操作称为( )。

R

| A | B | C |
|---|---|---|
| a | 1 | 2 |
| b | 2 | 1 |
| c | 3 | 1 |

S

| A | B | C |
|---|---|---|
| d | 3 | 2 |

T

| A | B | C |
|---|---|---|
| a | 1 | 2 |
| b | 2 | 1 |
| c | 3 | 1 |
| d | 3 | 2 |

A. 选择      B. 投影      C. 交      D. 并

11. 设置文本框显示内容的属性是( )。

A. VALUE      B. CAPTION      C. NAME      D. INPUTMASK

12. 语句 LIST MEMORY LIKE a * 能够显示的变量不包括( )。

A. a      B. a1      C. ab2      D. ba3

13. 计算结果不是字符串"Teacher"的语句是( )。

A. at("MyTeacher",3,7 )      B. substr("MyTeacher",3,7 )

C. right("MyTeacher",7 )      D. left("Teacher",7 )

14. 学生表中有学号,姓名和年龄 3 个字段,SQL 语句"SELECT 学号 FROM 学生"完成的操作称为( )。

A. 选择      B. 投影      C. 连接      D. 并

15. 报表的数据源不包括( )。

A. 视图      B. 自由表      C. 数据库表      D. 文本文件

16. 使用索引的主要目的是( )。

A. 提高查询速度      B. 节省存储空间

C. 防止数据丢失      D. 方便管理

17. 表单文件的扩展名是( )。

A. frm      B. prg      C. scx      D. vcx

18. 下列程序段执行时在屏幕上显示的结果是( )。

```
DIME A(6)
A(1) = 1
A(2) = 1
FOR I = 3 TO 6
    A(I) = A(I-1) + A(I-2)
NEXT
? A(6)
```

　A. 5　　　　　　　　　B. 6　　　　　　　　　C. 7　　　　　　　　　D. 8

19. 下列程序段执行时在屏幕上显示的结果是(　　　)。

```
X1 = 20
X2 = 30
SET UDFPARMS TO VALUE
DO test With X1, X2
? X1, X2
PROCEDURE test
PARAMETERS a, b
    x = a
    a = b
    b = x
ENDPROC
```

　A. 30　30　　　　　B. 30　20　　　　　C. 20　20　　　　　D. 20　30

20. 以下关于"查询"的正确描述是(　　　)。

A. 查询文件的扩展名为 PRG　　　　　　B. 查询保存在数据库文件中

C. 查询保存在表文件中　　　　　　　　D. 查询保存在查询文件中

21. 以下关于"视图"的正确描述是(　　　)。

A. 视图独立于表文件　　　　　　　　　B. 视图不可更新

C. 视图只能从一个表派生出来　　　　　D. 视图可以删除

22. 了为隐藏在文本框中输入的信息,用占位符代替显示用户输入的字符,需要设置的属性是(　　　)。

A. Value　　　　　　　　　　　　　　B. ControlSource

C. InputMask　　　　　　　　　　　　D. PasswordChar

23. 假设某表单的 Visible 属性的初值是. F. ,能将其设置为. T. 的方法是(　　　)。

A. Hide　　　　　　B. Show　　　　　　C. Release　　　　　　D. SetFocus

24. 在数据库中建立表的命令是(　　　)。

A. CREATE　　　　　　　　　　　　　B. CREATE DATABASE

C. CREATE QUERY　　　　　　　　　　D. CREATE FORM

25. 让隐藏的 MeForm 表单显示在屏幕上的命令是(　　　)。

A. MeForm. Display                  B. MeForm. Show

C. Meform. List                      D. MeForm. See

26. 在表设计器的字段选项卡中,字段有效性的设置中不包括(　　)。

A. 规则           B. 信息           C. 默认值           D. 标题

27. 若 SQL 语句中的 ORDER BY 短语指定了多个字段,则(　　)。

A. 依次按自右至左的字段顺序排序      B. 只按第一个字段排序

C. 依次按自左至右的字段顺序排序      D. 无法排序

28. 在 Visual FoxPro 中,下面关于属性,方法和事件的叙述错误的是(　　)。

A. 属性用于描述对象的状态,方法用于表示对象的行为

B. 基于同一个类产生的两个对象可以分别设置自己的属性值

C. 事件代码也可以像方法一样被显示调用

D. 在创建一个表单时,可以添加新的属性、方法和事件

29. 下列函数返回类型为数值型的是(　　)。

A. STR           B. VAL           C. DTOC           D. TTOC

30. 与"SELECT ＊ FROM 教师表 INTO DBF A"等价的语句是(　　)。

A. SELECT ＊ FROM 教师表 TO DBF A

B. SELECT ＊ FROM 教师表 TO TABLE A

C. SELECT ＊ FROM 教师表 INTO TABLE A

D. SELECT ＊ FROM 教师表 INTO A

31. 查询教师表的全部记录并存储于临时文件 one. dbf (　　)。

A. SELECT ＊ FROM 　教师表 INTO CURSOR one

B. SELECT ＊ FROM 　教师表 TO CURSOR one

C. SELECT ＊ FROM 　教师表 INTO CURSOR DBF one

D. SELECT ＊ FROM 　教师表 TO CURSOR DBF one

32. 教师表中有职工号、姓名和工龄字段,其中职工号为主关键字,建立教师表的 SQL 命令是(　　)。

A. CREATE TABLE 教师表(职工号 C(10)PRIMARY, 姓名 C(20),工龄 I)

B. CREATE TABLE 教师表(职工号 C(10)FOREIGN, 姓名 C(20),工龄 I)

C. CREATE TABLE 教师表(职工号 C(10)FOREIGN KEY , 姓名 C(20),工龄 I)

D. CREATE TABLE 教师表(职工号 C(10)PRIMARY KEY , 姓名 C(20),工龄 I)

33. 创建一个名为 student 的新类,保存新类的类库名称是 mylib,新类的父类是 Person,正确的命令是(　　)。

A. CREATE CLASS mylib OF student As Person

B. CREATE CLASS student OF Person As mylib

C. CREATE CLASS student OF mylib As Person

D. CREATE CLASS Person OF mylib As student

34. 教师表中有职工号、姓名、工龄和系号等字段,学院表中有系名和系号等字段。计

算"计算机"系老师总数的命令是( 　　 )。

    A. SELECT COUNT( * )FROM 教师表 INNER JOIN 学院表 ;

        ON 教师表. 系号 = 学院表. 系号 WHERE 系名 = "计算机"

    B. SELECT COUNT( * )FROM 教师表 INNER JOIN 学院表 ;

        ON 教师表. 系号 = 学院表. 系号 ORDER BY 教师表. 系号 ;

        HAVING 学院表. 系名 = "计算机"

    C. SELECT COUNT( * )FROM 教师表 INNER JOIN 学院表 ;

        ON 教师表. 系号 = 学院表. 系号 ;

        GROUP　BY 教师表. 系号 HAVING 学院表. 系名 = "计算机"

    D. SELECT SUM( * )FROM 教师表 INNER JOIN 学院表 ;

        ON 教师表. 系号 = 学院表. 系号 ORDER BY 教师表. 系号 ;

        HAVING 学院表. 系名 = "计算机"

35. 教师表中有职工号、姓名、工龄和系号等字段,学院表中有系名和系号等字段。求教师总数最多的系的教师人数,正确的命令是( 　　 )。

    A. SELECT 教师表. 系号,COUNT( * )AS 人数 FROM 教师表,学院表 ;

        GROUP BY 教师表. 系号 INTO DBF TEMP

        SELECT MAX( 人数 )FROM TEMP

    B. SELECT 教师表. 系号,COUNT( * )FROM 教师表,学院表 ;

        WHERE 教师表. 系号 = 学院表. 系号 GROUP BY 教师表. 系号 INTO DBF TEMP

        SELECT MAX( 人数 )FROM TEMP

    C. SELECT 教师表. 系号,COUNT( * )AS 人数 FROM 教师表,学院表 ;

        WHERE 教师表. 系号 = 学院表. 系号 GROUP BY 教师表. 系号 TO FILE TEMP

        SELECT MAX( 人数 )FROM TEMP

    D. SELECT 教师表. 系号,COUNT( * )AS 人数 FROM 教师表,学院表 ;

        WHERE 教师表. 系号 = 学院表. 系号 GROUP BY 教师表. 系号 INTO DBF TEMP

        SELECT MAX( 人数 )FROM TEMP

## 二、填空题(每空 2 分,共 30 分)

**注意:以命令关键字填空的必须拼写完整。**

1. 某二叉树有 5 个度为 2 的结点以及 3 个度为 1 的结点,则该二叉树中共有( 　　 )个结点。

2. 程序流程图的菱形框表示的是( 　　 )。

3. 软件开发过程主要分为需求分析、设计、编码与测试 4 个阶段,其中( 　　 )阶段产生"软件需求规格说明书"。

4. 在数据库技术中,实体集之间的联系可以是一对一或一对多或多对多的,那么"学生"和"可选课程"的联系为( 　　 )。

5. 人员基本信息一般包括:身份证号、姓名、性别和年龄等,其中可作为主关键字的是( 　　 )。

6. 命令按钮的 Cancel 属性的默认值是(　　　　)。

7. 在关系操作中,从表中取出满足条件的元组的操作称作(　　　　)。

8. 在 Visual FoxPro 中,表示时间 2009 年 3 月 3 日的常量应写为(　　　　　　　)。

9. 在 Visual FoxPro 的参照完整性中,"插入规则"包括的选择是"限制"和(　　　　)。

10. 删除视图 MyView 的命令是(　　　　)。

11. 查询设计器中的"分组依据"选项卡与 SQL 语句的(　　　　)短语对应。

12. 项目管理器的数据选项卡用于显示和管理数据库、查询、视图和(　　　　)。

13. 可以使编辑框的内容处于只读状态的两个属性是 ReadOnly 和(　　　　)。

14. 为"成绩"表中"总分"字段增加有效性规则:"总分必须大于等于 0 并且小于等于 750",正确的 SQL 语句是:

(　　　　)TABLE 成绩 ALTER 总分(　　　　)总分 > =0 AND 总分 < =750

# 2009 年 9 月全国计算机等级考试二级 Visual FoxPro
## 笔试试题参考答案

一、选择题

1~5　C B D A B　　6~10　A C B C D　　11~15　A D A B D

16~20　A C D B D　21~25　D D B A B　26~30　D C D B C

31~35　A D C A D

二、填空题

1. 14 　　　　　　　　2. 逻辑条件　　　　　　　3. 需求分析

4. 多对多　　　　　　　5. 身份证号　　　　　　　6. .F.

7. 选择　　　　　　　　8. {^2009-03-03}　　　　　9. 忽略

10. GROUP BY　　　　　11. DROP VIEW MYVIEW　　12. 自由表

13. ENABLED　　　　　14. ALTER　　　　　　　　15. SET CHECK

# 参考文献

[1]教育部考试中心. 全国计算机等级考试二级教程:Visual FoxPro 数据库程序设计. 北京:高等教育出版社. 2010.

[2]徐辉. Visual FoxPro 数据库应用教程与实验. 北京:清华大学出版社. 2005.

[3]丁春莉,曹耀辉. Visual FoxPro 考级考证实用教程. 西安:西北大学出版社. 2007.